宜 生

一种生活哲学

陈洪泉　著

中国海洋大学出版社

· 青岛 ·

图书在版编目（CIP）数据

宜生：一种生活哲学 / 陈洪泉著. -- 青岛：中国
海洋大学出版社，2023. 8
　　ISBN 978-7-5670-3496-9

　　Ⅰ. ①宜… Ⅱ. ①陈… Ⅲ. ①人生哲学 Ⅳ.
①B821

中国国家版本馆 CIP 数据核字（2023）第 080875 号

宜生 一种生活哲学
YISHENG YIZHONG SHENGHUO ZHEXUE

出版发行	中国海洋大学出版社		
社　　址	青岛市香港东路 23 号	邮政编码	266071
出 版 人	刘文菁		
网　　址	http://pub.ouc.edu.cn		
订购电话	0532-82032573（传真）		
责任编辑	王　晓		
印　　制	日照日报印务中心		
版　　次	2023 年 8 月第 1 版		
印　　次	2023 年 8 月第 1 次印刷		
成品尺寸	145 mm ×210 mm		
印　　张	4. 75		
字　　数	94 千		
印　　数	1～1 000		
定　　价	38. 00 元		

发现印装质量问题，请致电 0633-2298958，由印刷厂负责调换。

让自己生活得更自觉一些

古希腊哲学家苏格拉底有一句话广为人知：未经审视的生活是不值得过的。应该说，这句话虽然有点苛刻，但不无道理。

说其有点苛刻，是因为即使没有经过认真审视，生活也还是值得过的。实际上，许多人的生活就是这样过的。许多人都在过的生活，似乎不能说是不值得过的吧。

说其不无道理，是因为，未经过审视的生活总体上属于一种未明状态的生活。在这种未明状态下，生活者虽然生活着，但对什么是生活和应该怎样生活没有形成比较清醒的认识，因而缺乏主体自觉性，往往不是放任自流就是随波逐流，具有很大的盲目性，常常会给生活带来种种伤害。这对于具有自我意识和理性思考能力的人来说，是不应该的、有缺憾的，因而，在一定意义上也可以说是不值得过的。

所谓对生活进行审视，其核心就是要对什么是生活和应该怎样生活的问题进行理性的反思，并通过这种反思，对究竟什么是生活和应该怎样生活形成比较清醒的认识，从而使自己能够生活得更明白一些,更自觉一些。这对于具有自我意识和理性思考能力的人来说是应该的、必要的。

人是有意识、有理性的生命存在,不断反思、审视自己的生活,使自己的生活成为一种自觉的生活,可以有效地减少生活的盲目性,减少由于盲目性所可能给生活带来的种种危害;同时,这种反思和审视本身,这种对于生活的自觉本身,就应该是生活的题中应有之义,是生活应有的一种状态,而没有经过认真审视、缺乏自觉性的生活,则显然是一种有缺憾的生活。所以,虽然我们不能断然肯定未经审视的生活就是不值得过的,但应该说,经过认真审视的自觉生活才是更值得过的。

我们知道,古今中外许多仁人都从不同的角度不断地对生活进行审视或反思,提出了许多宝贵的思想或观点。认真学习和了解这些思想和观点,对于每一个希望对生活进行认真审视的人来说,都是非常必要的,会很有帮助。我们学习和了解别人的思想可以帮助我们、启发我们,但不能代替我们自己的审视,即使最后完全同意某个人的思想观点,那也应该是对于生活认真审视后的结果,而决不能是不经审视的盲从。

本着这样一种态度,我把自己在认真学习他人思想观点的基础上,通过对于生活的认真审视所形成的认识称为生活的宜生观。生活的宜生观是对于什么是生活和应该怎样生活的一种思考和回答,是一种生活哲学,其核心观点是:生活的本意就是宜生,人们应该自觉按照宜生的要求而生活。生活的宜生观不是一种发明,不是人为地创造出一种观念强加给生活,而是一种发现,是对生活自身的一种发掘和领悟。

　　生活的宜生观是我对生活认真审视后所形成的一种生活哲学。这种生活哲学似可以在生活中聊以自慰,让自己对生活更明白一些、更自觉一些,这或许是"家有敝帚,享之千金"吧。当然,如果这种生活哲学能够对他人的生活有些许帮助的话,那一定也是我所期望的,我会因此而感到由衷的高兴。若然,幸甚!

陈洪泉

2023 年 4 月

CONTENTS 目录

1

做生活的哲学家

一个人要想生活得好，就要弄明白生活究竟是怎么回事，就要建立起自己的生活理念或信念，形成自己的生活哲学，并自觉按照自己的生活哲学而生活，做一个生活的哲学家。每一个热爱生活的人都应该也都可以做生活的哲学家。

一、每个人都应该做生活的哲学家

古人曾说过，先立乎其大者，则其小者弗能夺也。无论做什么事情，都要先把最重要的部分树立起来，这样就不会因次要的部分而迷失了方向。生活也是如此，一个人要过好自己的生活，就要先立其大，就要先树立起关于什么是生活和应该怎样生活的基本观念或信念，并以此作为自己生活的依据或向导。当人们对什么是生活和应该如何生活形成了明确的观念和坚定的信念后，其生活就有了依据和支撑，有了方向和目标，就会无惧生活中的各种风雨险阻，驾驭着自己的生活之船不断破浪前行。人们这种关于什么是生活和应该怎样生活的观念或信念就是生活哲学。一个对于什么是生活和应该怎样生活有了明确的观念和坚定的信念，建立了自己的生活哲学，并能够用以指导和管理自己生活的人，就会成为自己生活的哲学家。

王阳明在《中秋》一诗中写道："吾心自有光明月，千古团圆永无缺。"晚上我们仰望天空，可以发现月有阴晴圆缺，真正能看到圆月的机会并不是太多，但实际上这只是一种表面现象，在这种表面现象的背后，月亮一直就是那个圆圆的月亮，并没有改变。如果我们心中对月亮有了这样一个观念，那么无论表面上看起来月亮是怎样的阴晴圆缺，它在我们心里永远都是圆的。在王阳明看来，人生也是如此，只要去掉遮蔽内心的杂念，恢复到本来的"良知"，也就养得了一颗光明的心，无论人生际遇如何，内心总是光明富足的，"此心光明，亦复何言"。一个人的生活哲学，一个人关于什么是生活和应该怎样生活的基本信念，便是他心中的那轮生活的"光明月"。一个人有了自己的生活哲学，有了自己生活的那轮"光明月"，就可以使得自己的生活成为在生活哲学指导下的生活，内心始终光明富足。一个人若能如此生活，他就会成为生活的哲学家。

当然，如果一个人没有形成自己的生活哲学，没有建立起关于什么是生活和应该怎样生活的基本信念，他仍然可以照旧生活下去。实际上许多人就是这样生活的，但这样状态的生活属于一种未明的生活，在这种自在的生活状态下，生活者虽然生活着,但缺乏明确的生活信念,缺乏心中那轮生活的"光明月",不清楚生活的方向,缺乏生活主体的自主性和自觉性,在面临生活的种种选择时就会无所适从,不是放任自流就是随波逐流。这对于具有理性的人来说是一种缺憾。人的生活本不应该限于此。

所以,做生活的哲学家是一种内在要求,每一个热爱生活的人都应该努力找到或建立起自己的生活哲学,成为生活的哲学家。一个人建立了自己的生活哲学,就可以使自己明确生活的价值。他理解并相信这样一个生活的价值,并自觉自愿地以坚定的信念和全部的能量去追求它,去努力实现它。这引导着、激励着他从事相应的活动,帮助他在生活中不断前行。建立了自己的生活哲学并按照自己的生活哲学而生活的人,他的生活才是自明、自觉、自主的生活。这种自明、自觉、自主的生活也才是真正属于他自己的生活。

二、每个人都可以做生活的哲学家

做生活的哲学家不仅是应该的,而且是每个人都可以做到的。只要愿意,每个人都可以成为生活的哲学家。因为什么是生活和应该怎样生活的道理,并不在生活之外,而是本来就根植于人们的生活之中,是每个人都可以通过对生活的体验而领悟到的。所以,要领悟究竟什么是生活和应该怎样生活的道理,成为生活的哲学家,不需要外假于物,不需要眼睛向外,不需要环顾四周、试图从书本或他人那里去寻找现成的答案,而只要切实回到自己的生活中来,仔细倾听来自内心的声音,认真体验和思考生活,便可透过生活的种种表象领悟到生活的本质,领悟到究竟什么是生活和应该怎样生活的真谛,形成自己的生活理念或信念,从而成为自己生活的哲学家。当然,这并不是否认向他人和书本学习的重要性,而是说学习和了解别人的思想不能代替自己的体验和思考,不能代替自己对生活的领悟。就生活哲学来说,一个人如果没有自己的体验和领悟,不管读了多少书,了解了多少别人的思想,那也还是别人的,而不是自己的,不能真正成为自己的生活哲学。

总之,每个人要想过好生活,就应该建立起生活的理念或信念,形成生活哲学;要想形成生活哲学则主要依靠自己对生活的体验、思考和领悟,而每个人都完全可以通过自己对生活的体验、思考和领悟而成为生活的哲学家。究竟如何,取决于每个人自己。

回答基本问题，建立生活信念

　　从哲学上来看，关于生活主要有两个需要回答的问题，一个是究竟什么是生活，另一个是应当怎样生活。"什么是生活"和"应当怎样生活"就是生活哲学的两个基本问题。一个人要想生活得好，就要把握好这两个基本问题，对这两个问题做出自己的回答，形成自己对什么是生活和应当怎样生活的基本观念或信念，建立起自己的生活哲学。建立了自己的生活哲学也就建立了生活的真正信念或信仰。

　　在现实生活中，我们每个人都会不断地面对"应当怎样生活"这一问题。在每一个新的境遇中，我们都要不断地回答这一问题，进行选择和决断。这里的"应当怎样生活"是一个尚待选择、尚未"出场"的生活价值领域，而一旦我们做出选择和决断，这一尚未"出场"的生活价值领域就会成为我们的现实生活。例如，我今天有两个小时可以自由支配的时间，那么我是选择去电影院看一场电影，还是选择在家里静静地读点书呢？国庆七天假，是选择外出旅游观光，还是选择在家休整调养呢？一旦做出选择，这个选择就会成为现实生活的一部分。当然，作为生活的哲学，它并不是要回答在每一个情境下"应当怎样生活"的具体选择，而是要给出"应当怎样生活"的一般价值标准，从而帮助人们对应当怎样生活做出认知或判断，包括怎样选择自己的生活和怎样过好自己所选择的生活。

对于我们应当怎样生活的问题只能在生活中而不是在生活之外被澄清，应当怎样生活的一般价值标准只能存在于生活自身的规定性之中，生活的应当性就是生活自身规定性的表现或体现。所以，我们要想对应当怎样生活的一般价值标准问题做出回答，首先必须对生活的自身规定性做出回答，必须弄清楚究竟什么是生活。有一类事情，一旦你知道了这类事情是用来做什么的，也就可以推断出对于这类事情来说，好的标准是什么，从而也就可以知道应该如何对待和如何做好这类事情了。例如，如果我们知道，教师的使命是教书育人，医生的使命是治病救人，那么就可以知道，一个好教师或好医生的标准是什么，应该如何去做一名好教师或好医生。一个好教师就是能够很好地教书育人的人，一个好医生就是可以很好地治病救人的人。对于人们的生活来说，只要我们知道了生活是什么，意味着什么，是用来做什么的，也就可以推断出，什么样的生活是好生活和应当怎样生活了。应当的生活就是做到了生活本来所意味着的事情，或者说是使生活的功能目的得以实现的生活。

　　可见，生活哲学的这两个基本问题是紧密相连的，回答"什么是生活"这一问题是回答"应当怎样生活"这一问题的前提，只有知道了什么是生活，即生活的本质是什么，才能进一步回答应当怎样生活的问题。而回答应当怎样生活则是回答什么是生活的目的，回答什么是生活就是为了进一步回答究竟应当怎样生活的问题。

　　从哲学上认识和把握这两个问题，建立自己的生活哲学，实质上就是对生活法则的认识和把握，就是要找到或发现生活的内在法则，形成自己关于什么是生活和应当怎样生活的观念或信念，并以此作为自己生活的指导原则。俄国文学家思想家托尔斯泰曾把通过这种对生活法则的把握而形成的观念或信念称为真正的信仰。在他看来，真正的信仰并不在于相信奇迹，不在于举行各种宗教仪式和活动，而在于相信适合于世上所有人的生活法则，在于对什么是生活和应当怎样生活的内在法则的把握和坚定信念。所以，一个人的生活哲学、一个人对生活法则的把握、一个人对于什么是生活和应当怎样生活这两个基本问题的回答所形成的观念或信念，就是他真正的生活信仰。在托尔斯泰看来，人们生活的好坏，取决于他们的生活哲学，取决于他们真正的生活信仰，取决于他们怎样去了解生活真正的法则。人们对生活的真正法则理解得越明确，他们的生活就越好，而对这个法则理解得越含混，他们的生活就越坏，一个人是这样，一个民族也同样如此。

3

生活是指具有内在指向性和
直接目的性的生命活动

生活,大概是我们最为熟悉和使用最为频繁的一个概念了。我们每个人每天都生活着,也都经常谈论着生活,但每个人心目中的生活往往各不相同,对究竟什么事情属于生活,什么事情不属于生活,认识往往是不一样的,抑或是模糊不清的。这种不同和模糊不仅会带来认识上的混乱,而且会带来实际生活中的茫然。所以,我们有必要对生活的内涵进行审视,在认识上搞清楚生活这一概念到底指的是什么。

对此,我们可先从老王和老张的一次对话说起。

一天,刚刚退休的老王在街上遇见过去的邻居老张。老张手里拿着渔具正要去钓鱼。

老张一见到老王,就热情地问道:"老伙计,退休了吗?"

老王回答说:"刚退了。"

老张问:"退了后干什么呢?"

老王回答:"还能干什么? 也就在家看看书,写点东西吧。"

老张说:"哎呀,你没退的时候写文章那是工作,现在退休了,再费脑子写那些东西干什么,应该好好享受生活了。好了,不跟你说了,享受我钓鱼的快乐生活去了,有空到我家吃鱼啊。"

与老张分别后,老王喃喃道:"我每天读读书,写写东西,不就是在享受生活吗? 倒是你老张,天天去钓鱼,钓的鱼还抵不上买鱼食的钱,是多么无聊的事情啊。"

从上述老王和老张的对话中,我们可以发现,在老张看来,自己每天带着渔具出门,夕阳西下拎着鱼篓回家,是一种很快乐的生活。他钓鱼的目的就是享受钓鱼过程的快乐,至于鱼咬不咬钩,那是鱼的事。而读书、写文章这些事情则只是一种工作,不能作为一种生活,既然老王已经退休,就应该回到生活上来,好好享受生活,不应该再费心做那些不属于生活的事情了。在老王看来,读书写作本身就是自己所喜欢的,每天读点书、写点东西,是一种很好的生活享受,很有意义,而老张整天去钓鱼,则是一种浪费时间、浪费生命的无聊活动。

可见,老张和老王两个人尽管都主张要好好享受生活,但对于生活的具体所指,认识上又是不一样的。老张把钓鱼作为一个很好的生活方式,乐此不疲,而把写作看作生活之外的一种工作。而老王则沉浸于读书写作之中,将之作为自己重要的生活内容,认为钓鱼只是无聊的活动,不应该作为一种生活内容。那么,老王和老张谁对谁错呢? 钓鱼或写作究竟属不属于生活呢？实际上对于这个问题还真不能笼统地做出回答。钓鱼或写作可能属于生活，也可能不属于生活，有的情况下属于生活，在另外的情况下则可能就不属于生活。对此，我们需要对生活的一般的、共同的所指有一个清醒的认识。

就像老王和老张一样，人们关于生活的具体所指的认识各不相同，但在这种种不同的具体所指的背后又存在着某种共性的东西。对于生活的一般性所指的认识，就是要找到各种具体生活所指当中有共性的东西。如果对于人们的各种生活活动及其对于生活所指的认识进行考察和分析的话，可以发现，一个活动之所以成为人们的生活活动，或者说被人们认作自己的生活活动，并不完全在于该活动本身是一个什么样的活动，例如，不在于是钓鱼或是写作，而是在于活动者从事这项活动的动机或目的指向。一个活动对于活动者来说是不是属于他的生活活动，是由活动者进行这项活动的动机或目的指向决定的。

一般来说，某项活动成为人们的生活活动，或者被活动者作为生活活动，具有两个共同的属性：一个是活动的内在指向性，即该活动的目的是直接指向活动者自身的；另一个是活动的直接目的性，即该活动是活动者直接作为目的的活动。这种内在指向性和直接目的性就是人们生活所指的两个相互关联的共性，生活就是指具有这两个共性的活动。据此，我们就可以对生活究竟指的是什么做出这样的有概括意义的认识：生活就是指人们所从事的具有内在指向性和直接目的性的各种生命活动。这可从以下几个方面来理解。

第一，生活指的是人们的生命活动。

人从一出生就开始了自己的种种生命活动，即开始了自己的人生过程。人的一生就是通过种种生命活动而体现出来的，人生过程也就是自己的生命活动的过程。生活指的就是人们的种种生命活动。不属于人的生命活动的东西，如作为自然存在物的山川河流和作为社会存在物的钱财物品等，可以成为人们的生活条件，但都不能作为生活本身。

第二，生活指的是具有内在指向性的生命活动。

生活指的是人的生命活动，但并不是所有的生命活动都属于生活。人们只是把一部分生命活动作为自己的生活。就是说，生活所指的只是人们生命活动的一部分，而不是所有的生命活动。那么人们是把什么样的生命活动作为生活，而又不把什么样的生命活动作为生活呢？其依据是什么？

一个人把某种活动作为生活活动，首先就是他进行该活动的目的是直接指向活动者自身的，而不是指向活动者以外的其他东西。如果一个人从事某项活动，其活动的目的直接指向的是活动者自身，是直接以满足或实现活动者自身的本性需要为目的指向的，那么该活动就属于他的生活活动。例如，一个人饿了，就需要吃饭，于是他就进行吃饭活动。他吃饭的目的指向直接就对应活动者自身，就是为了解决活动者自己的饥饿问题，所以其吃饭活动就属于他的生活活动。如果一个人从事某项活动，其活动的直接目的指向的不是活动者自身，而是指向活动者之外的人或事，那么该活动就不属于他的生活活动了。

例如,同样是吃饭,一个人如果不是因为自己饿了而吃饭,而是为了工作应酬等而吃饭,这种吃饭活动的直接目的指向的不是活动者自身,而是其他的人或事,是为了其他的人或事而吃饭,就不属于活动者的生活活动。当然,这种吃饭也会同时解决活动者自身的饥饿问题,含有生活活动的成分或因素,但从其主要目的指向来看是不属于生活活动的。可见,每个人都要把吃饭作为自己的生活活动,但并不是所有的吃饭都一定属于生活活动。

第三,生活指的是具有直接目的性的生命活动。

当一个人把某种活动作为自己的生活看待时,该活动的目的指向直接就是活动者自身,而一个活动如果具有了这种内在指向性,活动者自然也就会把该活动看作自己的直接目的,也就使得该生活活动成为活动者的直接目的性的活动,具有了直接目的性的特征,因而,直接目的性也就成为各种生活活动的一个共同属性。

对此,我们可以用如下例子来说明。

早晨八九点钟,公交车站有许多人在排队等候乘车,一对母女正好路过这里。女儿问妈妈:"他们为什么要在这里排队啊?"妈妈回答说:"他们正在等着乘公交车啊。"女儿又问:"他们为什么要乘公交车啊?"妈妈答:"因为他们要去上班呀。"女儿追问:"那他们为什么要去上班呢?""因为他们要赚钱呀。""为什么要赚钱啊?"妈妈回答:"因为只有赚了钱才能用来买饭吃啊。"女儿继续问:"为什么人要吃饭呢?"妈妈回答:"因为只有吃饭才能使自己不饿啊。"女儿问:"为什么要使自己不饿呢？"妈妈说："傻孩子,使自己不饿就是为了不饿呀,不再需要为了其他的什么了。"这位母亲的意思是,通过吃饭解决饥饿问题的活动是上述一系列活动的最终目的,是最终直接指向活动者自身的活动,也就是一种活动者直接将之作为目的的活动。这种活动的目的就是活动自身,不再是为了活动之外的其他什么事情,这种吃饭解决饥饿问题的活动作为人们的直接目的性活动,就是生活活动。

实际上,对于现实中人们的任何一项活动,我们都可以进行类似的追问："你为什么要从事 A？""因为 B！""为什么要 B？""因为 C。"这样不停地追问,最终会形成一个答案"因为 X"。这个答案使进一步的追问"为什么 X"不再需要,因为X 本身就是目的本身,不再需要为了别的什么目的而存在。我们把 X 这种自成目的性的活动,或者说直接作为目的的活动,称为生活。就人们的各种活动来说,实际上大多数是既作为目的又作为手段而存在的。一个活动对于其下一个层次的手段性活动来说是目的,是下一层次的活动要实现的目的,而对于其上一个层次的目的来说,则由目的转化为手段,转化为实现上一个层次目的的手段性活动。人们的活动就是一个由目的和手段构成的链条。在这一个链条的最后,有一个作为目的本身的活动,它不再以别的事情为目的,而是自成目的。这个最终的直接作为目的本身的活动就是生活。

也就是说,当一个人把某种活动本身作为自己直接的目的(进行活动的目的就是活动自身)时,这种活动也就成为他的生

13

活。如果一个人从事某项活动,目的不在活动自身,而是为了别的目的才从事这项活动的,那么这项活动就不是他的生活,只能是他为了实现另外目的而采取的手段性活动。看一种活动是否属于人们的生活,就是看该活动对于活动的主体来说是属于其直接的目的性活动,还是为了实现其他目的而采取的手段性活动。属于直接目的性活动的就是生活,为了实现其他目的而采取的手段性活动就不属于生活。

从生活活动的内在指向性和直接目的性这两个方面的共性来看,有一些生命活动是必须的,是不能不选择的、不得不选择的。例如,那些对于生命的存在不可或缺的各种生命活动,如吃饭、呼吸、休息,就是必不可少的生命活动。这一类直接以保障生存为直接目的的生活活动是每个人必需的生活活动(其具体的内容和方式可以选择,可以具有不同的特点),只要人还作为一个生命存在着,就必须进行这方面的活动。当然,这并不意味着这类活动在任何情况下都属于人们的生活活动。而在基本的生存型活动之外,对于那些并不直接关乎人们生存的各种活动,人们是否将其作为自己的生活,把什么样的生命活动作为自己的生活,是可以选择的,也是必须进行选择的。例如,上述老王把读书写作活动看作生活的重要内容,对他来说,自己乐在其中,是一种很好的生活享受,同时也感到很有意义。老张则只是把写作看作一种工作,是为了其他目的(如赚钱)而采取的手段,而不将其看作生活自身,所以当他听老王说已经退休时,就劝老王要好好生活,不要再写作了。但老张没有认识到,读书写作对于他来说不属于生活,对于老王来说则可能是一种很好的生活。而老王认为不应作为生活活动的钓鱼,却被老张当作乐在其中的重要生活活动。在实际生活中,你可以像老张一样选择休闲钓鱼,也可以像老王一样选择读书写作,每个人的不同选择就使得其生活呈现出不同的面貌。从这个意义上来说,每一种生命活动都有可能被不同的人作为其生活活动,但就每一个具体的人来说,其生活只能是他生命活动的一部分,即他作为直接目的具有内在指向性的那部分生命活动,而不是他的全部生命活动,生活活动之外的那些活动属于人们的非生活活动。

当然,生活是目的,其他各种活动最终都是以生活为目的,都是为了生活而产生的,都要服从和服务于生活,其得失成败最终都要接受生活的评判。所以,从根本上来看,人生就是一个生活过程,是一个生活和为了生活而开展的各种生命活动的过程。因此,从一定意义上也可以说,生活就是人的存在方式,人的存在就是其生活,人是怎样生活的,他的人生就是怎样的。生活就是人生,人生就是生活。

4

生活是人们用来满足生命
本性需要的功能活动

对于究竟什么是生活,我们不仅要知道生活究竟何所指,知道什么活动属于生活,什么活动不属于生活,知道生活就是指人们所从事的具有内在指向性和直接目的性的各种生命活动,而且需要进一步知道生活究竟何所为,弄明白生活的内在指向性所指向的到底是什么,其直接目的性的目的究竟是什么,也就是要进一步知道,人们的生活活动究竟是为了什么,是用来做什么的,其功能价值是什么。对于生活究竟何所为,如果用一句话来回答,那就是,生活是人们用来满足或实现其生命本性需要的功能活动。

不论是从每个具体的个人的角度出发还是从整个人类的角度来说,人既然生而为人,作为生命存在于世上,也就随之产生了人之为人的种种生命本性或天性,人们生活的奥秘就在于这人之为人的生命本性当中。人们的生活及其各种活动,从根本上来说,都是其生命本性的体现或实现,都是指向其生命本性需要的。生活的直接目的就是要满足或实现人们的生命本性需要,生活就是人们用来满足或实现其生命本性需要的活动。①

古人曾说过,天命之谓性,率性之谓道。按照本性而生活就是人的生活之道。至于上天为什么要赋予人生命存在的本性,赋予人本性的天命又是什么,我们无从知晓,也无须再追问,最终你所能做的还是按照自己的生命本性而生活。人的生命本性需要是人一切生活的根源和根据,离开人的生命本性需要根本就无法理解人的各种生活。生活作为人所从事的具有内在指向性和直接目的性的各种生命活动,其目的和功能就在于实现或满足人的生命本性需要。人的生活过程就是一个不断满足其生命本性需要的过程。

人作为一个生命存在于世,也就同时产生了两个相互关联的生命本性需要:一个就是要保障自己的生命存在,能够活下去;另一个就是要不断改善自己的生命存在,能够活得越来越好。而活得好的本性需要又主要体现在三个方面:实现成长、感受快乐和创造意义。这样,人们生命存在的本性需要,也就体现为要保障生存、实现成长、感受快乐和创造意义这四个方面,人们的生活作为一种实现或满足人的生命本性需要的活

---

① 所谓生命本性,就其表现来说,就是人们与生俱来的生命存在的基本趋向或基本需要。本性体现为需要,而需要就是本性的体现。可以说,本性就是需要,需要就是本性,在这里本书统称为人的生命本性需要。

动,也就是要满足这四个方面的需要。因此,保障生存、实现成长、感受快乐和创造意义,也就是生活所应该具有的四个方面的基本功能,人们的生活也就是由保障生存类的活动、实现成长类的活动、感受快乐类的活动和创造意义类的活动这四类功能活动所组成的一个结构性的整体活动过程。

活下去和活得好,听起来是再普通不过的两句话,但其背后隐藏着人们全部生活的奥秘。只有立足于生命存在的本性,立足于活下去和活得好,才能真正认识生活的真谛,揭开生活的奥秘,明白生活的平凡与伟大,才能真正把握究竟什么是生活和应该怎样生活。人们的生活从根本上来说就是要满足或实现其生命存在的本性需要,其价值或意义都要落实到保障和改善人的生命存在上来,落实到使人们能够活下去和活得越来越好上来。

活下去和活得好作为人之为人的本性、作为生活的本质和法则,既表明了生活的平凡,也体现了生活的伟大。能够活下去并且活得好,是人之为人的本性要求,是人们生活的本质之所在,是每个人都期望、都在做的事情,所以生活的确很平凡。但生活的伟大就体现在其平凡中,把这平凡的事情做好,就是伟大的。人能作为一种生命存在活在世上,不论是对个人来说,还是对人类来说,都是一件最神圣、最伟大的事情,任何其他事情都无法与之相比。所以,珍重生命、热爱生命,敬畏生命,努力保障和改善人们的生命存在,使人们活下去,活得更好,也就是人之为人最崇高、最神圣、最伟大的事业。人既然生而为人,作为一个生命存在于世，就应该承担起人之为人的使命，争取比较好地实现自己生命存在的价值和意义，尽力使自己、他人乃至人类活下去，活得越来越好。

5

生活是人生的根本目的

　　对于什么是生活，我们不仅要知道生活究竟何所指、生活究竟何所为，而且需要知道生活究竟"何所位"，即生活在每个人的人生中的地位和作用是什么。从生活的"何所指"来看，生活就是指向活动者自身的直接目的性活动；从生活的"何所为"来看，生活是人们用来满足其生命本性需要的活动；而要从生活的"何所位"来看，生活则是人生的根本目的，人所做的一切最终都是为了他们的生活。

　　所谓人生，首先指的就是人的生命存在。承天地之德，有了人类的生命存在；蒙父母之恩，有了每个人的生命存在。生命存在是人生的本体或主体，一个人的人生就是他从出生到死亡期间的生命存在过程，没有生命存在也就没有所谓的人生。

　　人生而为人，有了这样一种生命存在，就必然要进行种种生命活动。生命活动既是生命存在的内在需要，也是生命存在的体现或表现方式。人是怎样开展他的生命活动的，他的生命存在就是怎样的,他的人生就是怎样的。可以说,一个人的人生就是他生命存在的活动过程。

人们的生命活动可分为生活活动和生产活动两大部分。生活属于人们的生命活动,但并不是所有的生命活动都属于生活,生活只是人们的一部分生命活动。生活指的是那些具有内在指向性和直接目的性的生命活动,是以直接满足或实现人们生命存在的本性需要为目的活动。

要实现生活的目的,人们就需要掌握或拥有能够满足或实现生活目的的种种条件,如满足吃饭目的需要有食物,满足穿衣目的需要有衣服,听音乐需要有音乐等。没有相应的生活条件,人们的生活目的就无从得以实现。而世界不会自动地完全满足于人,各种生活条件不会自动地呈现在人的面前,人必须通过自己的活动去改造世界,去创造出自己所需要的生活条件。所以,为了达到生活的目的,人们还要根据其生活活动的要求,进一步开展各种手段性活动,为生活目的的实现而创造相应的条件。我们将这些为了实现生活的目的而采取各种手段的活动称为生产或做事。从根本上来说,除了生活活动之外,人们其他的一切活动都属于这种为了生活而进行的生产性活动。

这样,人们的整个人生就是由生命存在、生活活动和生产活动这三个要素所组成的。在人生的这三个组成因素中,生命存在是本体或根据,生活活动是核心或目的,生产活动则是生活的工具或手段。因此,从一定意义上也就可以说,生活就是人生的存在方式和实现方式,人是怎样生活的,他的人生就是怎样的,生活就是人生,人生就是生活,生活就是人生的根本目的所在。

对此,可能有人会继续追问:你说生活是人生的根本目的,那么,生活的目的又是什么? 人生还有没有除生活之外的其他目的? 我对于这个追问的回答就是,生活是一个自成目的性的活动,人们进行生活活动的目的就是生活自身,就是要使自己的生命存在得以越来越好的体现或实现,使自己的生命存在本性需要得到越来越好的满足,生活得越来越好,除此之外,别无其他目的。所以,一个人要想好好度过自己的人生,最根本的,就是要遵循生命的本性需要而生活,努力使自己生命存在的本性需要得到越来越适宜的满足或实现,过上越来越适宜的生活。人类的发展、社会的进步和每个人的人生就是一个不断寻找和创造自己适宜生活的过程。

也有人认为,把生活作为人生的根本目的,这种人生境界太低了,人生应该有一个比生活更高的境界,应该有更远大的价值追求,例如,应该把实现某种崇高的事业作为价值追求,应该为建立某种美好的理想社会而奋斗等。

应该说,人生的确应该为自己确立一种崇高的价值追求,例如为成就某种事业而努力或为实现某种美好的社会而奋斗等,但这并不能因此而得出把生活作为人生根本目的的境界就低的结论。因为不论你将价值追求推到多么崇高的境界,最终还是要落实到人们的生活上来。离开人的生活,无论表面上看起来多么崇高伟大的境界都是虚幻的,都只能是空中楼阁、无本之木,也就根本谈不上什么崇高伟大了。一项事业为什么是崇高的、值得追求的? 为什么要为建立美好的理想社会而奋斗? 最终还不就是为了让人们能够过上更加美好的生活吗? 如果某项事业不能更好地保障和改善人们的生活,反而使人们的生活越来越糟糕,还能说这项事业是伟大的或崇高的吗?

6

生活的根本法则就是宜生

　　一个人要想好好生活,就要对什么是生活和应当怎样生活这两个基本问题做出回答,找到生活的内在法则,形成生活的观念或信念,将其作为自己生活的向导。一个人真正的信仰就是他对生活法则的相信和遵循。那么,我们应该怎样去寻找或发现这种生活的法则呢? 这种生活的法则又是什么呢?

　　在晴朗的夜晚,仰望天空,繁星点点,这些或明或暗的星星会引起人们的无限遐想,人们渴望知道这些星星所以如此存在、如此布局和运行的背后线索和真相,于是一些人联想到了天鹅、狮子、蝎子、水瓶的样子,就把它们作为连接星星的线索,于是就有了星座的名称。每个人的内心深处都有一种需要,即渴望从看似无关、杂乱无章的各种事件中找到其内在的联系,弄清其背后的真相。因为人们相信,尽管这些事件纷繁复杂,但它们的背后一定有某种隐蔽着的线索将它们联系起来,找到这个线索,就能发现这些事件产生、存在的真相。就像英国哲学家休厄尔所说的那样:"我们必须找到合适的线索,将所有观察到的事实,仿佛用线穿珍珠一般地联系起来,这样,真相就会向我们显现。"例如,达尔文从多种多样的物种变化中找到了生物进化的线索,这就是生存竞争、自然选择;牛顿从多种多样的天体运行方式中找到了其内在联系的线索,这就是万有引力,从而发现了天体运行的法则。同样,我们也渴望从人类千变万化的生活活动中找到这样一个互相联系的线索。

如果我们仔细地观察和思考,可以发现,在看似杂乱无章的种种人类生活活动中间,的确存在着一个把它们联系起来、统一起来的"线索"。正是这样一个线索,把人们的各种生活活动仿佛用线穿珍珠一般地联系起来,使得繁杂多样的人类生活活动呈现出一种有序的发展变化。这个贯穿各种生活活动的线索就是人们的生命本性需要或者说生活需要。① 对于生活需要的满足或实现,就是保障和改善人们的生命存在。我把这个贯穿于人类各种生活活动之中的线索称为"宜生"。

所谓宜生,就是要使人们的生命存在得其所宜,就是要不断使人们的生命本性需要或者说生活需要得到满足或实现。宜生是贯穿人们各种生活活动的线索,也就是人们生活的基本法则。生活就是一个按照宜生法则而进行的活动过程,就是一个不断满足或实现生活需要的活动过程。人们的生活活动虽然多种多样、千差万别,但有一个共同性,就是宜生性;有一个

---

① 人们的生命本性需要实际上指的就是对于生活活动的需要,所以,在行文中我会经常把人的本性需要称为生活需要,生活需要就是人的生命本性对于生活的需要。

共同的目的指向就是宜生。生活的本质就是宜生,生活就是一种宜生活动过程。每个人必须也应该按照宜生法则而生活。

所谓按照宜生法则而生活,就是要努力保证生活的宜生性,不断提高生活的宜生度,从而使人们的生活需要不断得到更好的满足,过上越来越适宜的生活。所谓保证生活的宜生性,就是要切实按照生活需要开展各种生活活动,使自己的一切生活活动都与生活需要相适宜,都要有利于生活需要的实现或满足,而不能与之相悖。所谓提高生活的宜生度,就是要不断提高各种生活活动对于生活需要的满足程度,包括使人们更多方面的生活需要得到越来越适宜的满足,使更多人的生活需要得到越来越适宜的满足。人们一切生活的价值或意义就在于其宜生性,价值或意义之大小,在于宜生度之高低。宜生度高的,意义就大;宜生度低的,意义就小。

一个人要想过好自己的一生,社会要想不断发展,人类要想不断进步,都应该树立生活的宜生观念或信念,自觉按照宜生法则而生活,努力保证生活的宜生性,不断提高生活的宜生度,沿着宜生之道不断前进。

7

生活的目的就是追寻和创造适宜的生活

生活是人们用来满足或实现其生活需要的种种活动,生活的目的就是要使生活需要得到越来越适宜的满足,这种使生活需要得到适宜满足的生活就是适宜的生活。所以,也可以说,生活的目的就是追寻和创造适宜的生活,生活就是一个对适宜生活不断追寻和创造的过程。

一、适宜生活就是生活需要得以适宜满足的生活

使生活需要得以适宜或适度满足的生活就是适宜生活,所谓适宜或适度满足,就是恰到好处、恰如其分,无过无不及,过了或不及都是不适宜或不适度的。对于这种适宜的生活可从三个方面来理解。

第一,相对于人们某种特定需要而言的适宜生活。如果一种生活活动能使人们某种特定的需要得到适宜或适度的满足,

那么相对于这种需要来说这种生活就是适宜的生活。例如,现在人们在家里常常会挂一个温湿度计,在温湿度计上标有许多的刻度。刻度上会呈现一个人体最适宜的温湿度范围,温度一般为 18 到 25 摄氏度,湿度一般是 40 到 70。使温湿度保持在这个范围内就是最适宜人体需要的,而高于或低于这个范围就不太适宜人体的需要了,就会使人体产生不适感,如果过高或过低还会给身体带来伤害。因而,把温度和湿度保持在这样一个范围内,相对于人体对于温湿度的需要来说就是适宜的。同样,对于人们的饮食需要、睡眠需要、运动锻炼需要、娱乐需要等各种特定需要的满足都有一个是否适宜或适度的问题。

第二,相对于每个人整体性多方面需要而言的适宜生活。每个人的需要都是多方面的(包括生存需要、成长需要、快乐需要和意义需要等基本方面的需要,每一个基本方面的需要又包括多种更为具体的需要),所以人们的生活就不仅是一个满足某种特定需要的单一性活动,而是一个要满足多方面需要的多种活动所组成的结构性的整体活动过程。而满足这多方面需要的各种活动之间不仅有着相互促进的关系,而且有着相互冲突的可能,相对于人们某种特定需要而言的适宜生活,放在人们整体生活的结构中来看,就不一定适宜了。所以,适宜的生活还表现为必须正确处理好各种需要的满足活动之间的关系,努力使各种需要的满足活动之间能够彼此协调、相得益彰,实现各种需要满足活动之间彼此协调的整体生活的适宜。例如,吸烟或许会使人得到一定程度的愉悦感,带来对于精神愉悦需要的一定程度上的满足,但同时吸烟又会对于身体健康造成伤害,会妨碍人们身体健康需要的满足,所以,相对于身体的健康需要来说,用吸烟作为一种满足精神愉悦需要的方式就不是一种适宜的生活方式,需要人在其身体健康需要和用吸烟的方式来满足其精神愉悦需要之间进行权衡和选择了。如果他更重视身体健康,就会选择不吸烟;如果他更重视吸烟产生的某种暂时的刺激和愉悦,可能会选择去吸烟。在这种不同需要的满足活动之间究竟孰重孰轻的问题上,每个人都有着很大的自由选择的空间。

第三,相对于人和人之间社会生活需要而言的适宜生活。每个人各种需要的适宜满足和相互协调,虽然就其自身来看是恰当的、适宜的,但有可能会对别人需要的满足造成妨碍,与别人需要的满足发生冲突,所以,从社会生活的角度来看,就有可能是不恰当的、不适宜的。这就要求每个人对自己需要的满足要有一个适当的界限,在满足自己需要的同时还要考虑到他人需要的满足问题,不能为了自己需要的满足而妨碍了他人需要的满足,最好能与他人需要的满足互相促进、相得益彰,在满足自己需要的同时也能有益于他人需要的满足。一个社会中的人们的各方面生活需要的满足,如皆合乎这个适度的界限,能够相互协调、相得益彰,则这个社会中人们的生活就是一种适宜的生活。因此,适宜的生活还表现为必须正确处理好个人的适宜生活与社会适宜生活的关系,努力使个人的适宜生活与社会适宜生活之间能够相互协调。例如,现在很多人都喜欢跳广场舞,应该说,跳广场舞确实会有利于人们身体健康和精神愉悦需要的满足,但如果不分场合和时间跳的话,就可能会影响到周围人的工作和休息,妨碍别人工作和休息需要的满足,因而对于被妨碍了工作和休息的人来说也就是不适宜的了。这同样也有一个如何在自己的需要满足和他人需要的满足之间进行权衡和选择的问题,而不同的权衡和选择,体现出人们不同的道德人格和做人境界。

可见,作为生活目的的适宜生活,包括一个人某个方面生活的适宜、整体生活的适宜和人与人之间生活的适宜三个方面的内容,是这三个方面适宜生活的统一体。所以,对于适宜生活的追寻和创造,就要着眼于这三个方面适宜生活的统一。

二、适宜生活是一个不断追寻和创造的过程

作为生活的目的,适宜生活并不是在生活过程的最后所要达到的一个结果,而是贯穿于整个生活过程之中的方向性的追求,是与整个生活过程联系在一起的不断追寻和创造的过程。可以说,生活就是一个不断追寻和创造适宜生活的过程,人们正是在对适宜生活的追寻和创造过程中使得生活变得越来越适宜。

第一,适宜生活不是一劳永逸的,而是要不断追问和寻找的。由于人们的生活需要是多种多样和不断变化的,人们的生活环境和生活条件也是不断变化的,因而人们的适宜生活也是要随着生活需要和生活环境条件的变化而不断变化的。在一定条件下适宜的生活,在另一条件下就不一定仍然适宜了。例

如，一个人年轻时候的适宜生活到年老的时候就未必再适宜
了。而且，人们对适宜生活的追求不会停留在某一个水平上，
而是一个不断提升、不断前进的过程。所以，适宜生活就体现
在人们对适宜生活的不断追寻过程之中。

第二，适宜生活不是一种现成的、等待人们去发现的东西，
而是需要通过自己的活动去加以创造的。创造性是人类生活
的一个基本属性，适宜生活是一个需要人们通过活动不断创造
才能拥有的东西。对适宜生活的追寻是要通过创造性活动来
实现的，追寻的过程就是一个创造的过程。

第三，适宜生活不是指某种特定的生活内容和样式，而是
有着丰富的具体内容和样式的多彩画卷。我们可以把人们对
适宜生活的追寻和创造看作人们生活的一个共同的大舞台。
在这个舞台上，人们的适宜生活可以具有多种可能的具体内容
和样式，而什么样的具体生活内容和样式真正成为一个人现实
的适宜生活，则取决于每个人的生活选择。就是说，对适宜生
活的追寻和创造是人类生活的共性，但对于每个人来说，对适
宜生活的追求和创造则会体现为各自不同的具体内容和样式。
每个人在追寻和创造适宜生活的这个共同的舞台上，可以创作
出各自不同的适宜生活的精彩剧目或剧情，正是每个人各自不
同内容和样式的适宜生活构成了人类整体适宜生活的丰富内
容和多彩画卷。

8

将宜生作为生活的真正信仰

一、将宜生作为生活的真正信仰源自理性上对于生活法则的把握

生活需要有信仰。人生在世,大概都需要生活的精神依托。在托尔斯泰看来,如果一个人生活得不好,那么这仅仅是因为这个人没有信仰,就各民族来说也往往如此,如果一个民族生活得不好,那么仅仅是这个民族失去了信仰。人们一旦选择、确立了某种信仰,就会把它作为一种生活的精神寄托,倾注自己的全部热情,为实现信仰所确立的理想目标而自觉奉献自己的力量。人不能没有信仰,没有信仰的生命就等于没有灵魂,就会迷失生活方向,就会感到苦闷、空虚、彷徨,茫然不知所措。

哲学是建立信仰的一个基本途径。哲学的一个重要功能就是帮助人们建立信仰或信念体系,人们学哲学、做哲学,一个重要目的就是要为自己寻找和建立这样一个信仰系统。哲学为人类提供了获得更高价值的途径。正像美国哲学家菲尔·沃什博恩所说的那样,大部分人想找到一套信仰价值观,以此作为生活的依据,而哲学正好能够助他们一臂之力。

从哲学上建立信仰就是找到生活的法则。托尔斯泰认为,真正的信仰并不在于相信奇迹、各种宗教仪式和活动,而在于相信适合于世上所有人的那种法则。而哲学正是可以通过对什么是生活和应当怎样生活的理性思考,找到或发现生活的内在法则,形成关于生活的基本观念或信念,从而帮助人们建立生活的信仰,用以指导和规范自己的生活。人们学习哲学,思考哲学问题,大多数并不是要做学问,而是想从哲学中获得启示,再结合自己的人生经验,不断地探索、思考,找到或发现生活的法则,建立自己的生活哲学。一个人的生活哲学,一个人从理性上对于生活法则的把握,就是他真正的生活信仰。

这种生活的法则就是宜生。真正的生活信仰是对生活法则的把握和坚定相信,而宜生正是人们生活的法则。所谓宜生,就是生活需要的满足或实现,就是对于人们生命存在的保障和改善。人们的生活活动虽然千差万别,但有一个共同性,就是宜生性,有一个共同的目的指向就是宜生。生活的本质就是宜生。宜生是人们生活的基本法则,生活就是一个按照宜生法则而进行的活动过程,每个人必须也应该按照宜生法则而生活。人们一切生活的价值或意义就在于它的宜生性,价值或意义之大小,就在于其宜生的状况如何。宜生的就是好的,就有意义;不宜生的就不好,就没有意义。宜生度越高,意义就越大。所以,宜生作为人们生活的根本法则理应成为人们生活的真正信仰。

二、将宜生作为生活的真正信仰源自情感上对于生命存在的爱

情感是人们生活的重要内容。情感生活是每个人生活中不可缺少的基本需要，是人们生活的重要内容。梁启超曾说过，人类生活，固然离不了理智，但不能说理智包括人类生活的全部内容。此外还有极重要一部分或者可以说是生活的原动力，就是情感。

情感生活的核心是对生命存在的爱。人们的情感生活需要是多方面的，例如，亲情、友情和爱情就是人类情感生活中最为炽热和深沉的内容，而在人们的各种情感生活需要中，爱的情感是最为持久、强大而居核心地位的情感需要。从根本上来说，情感生活需要就是对爱的需要。爱是人们所有情感生活的核心，人们的各种情感都是由爱而生发出来的。俄罗斯文学家、思想家托尔斯泰曾强调，爱是人的天性，是生活的根本内容，也是人的本质属性，就像蜜蜂要飞、蛇要爬、鱼要游一样，人需要爱。

当然，这里所说的作为情感生活之核心的爱，并不只是某种狭义上的特定的爱，而是指更为广义上的对生命存在的热爱。畅销书作家格里夫在其《生命的意义》一书中写道，爱，是生命中唯一强大而持久的力量，给我们的生活带来了真正的意义，爱是在我们内心深处燃烧的火焰，是这种内心的温暖使得心灵不会被令人绝望的冬天冰封。这是对生命本身的爱。

对生命存在的这种爱会使得人们将宜生作为生活的真正

信仰。这种对生命存在的热爱,会使人们格外尊重生命、珍惜生命,会对生命的存在产生一种崇高感和神圣感,会满腔热情地投入各种保障和改善生命存在的活动之中,并在保障和改善生命存在的活动中使情感之花得到绽放。正是这种对生命的热爱,使得我们爱自己也爱他人,激励着我们张开双臂去迎接每一个时刻,拥抱展现自我的机会,为自己生命的存在而感到快乐,同时也引导着我们充满热情地去帮助别人、关爱别人。

这种对生命存在的深沉的爱,还可以将个人的生命存在与更为广阔的生命存在联系起来,将个体生命融入人类整体生命的进程之中,使得个人的生命存在成为人类整体生命存在的一部分,成为人类整体生命进程的一个构成因素,就像一滴水融入大海一样,从而可以使人们拥有一种对个体生命存在有限性的超越感,可以在生活中体验到某种深沉、踏实和持久的快乐,在灵魂深处成为一个幸福的人。

因此,人们从情感上对生命存在的这种深沉的爱,也就会使人们把宜生作为自己生活的真正信仰。宜生之生,从根本上来说,就是人们的生命存在。宜生就是对于生命存在的保障和改善,宜生就源自人们情感上对生命存在的爱。把宜生作为生活的真正信仰,就会自觉按照宜生法则而生活,尊重生命、珍惜生命、敬畏生命,就会把保障人的生命存在作为自己生活的坚定信念和根本追求。

所以,一个人要想过好自己的一生,人类要不断进步,都应该树立生活的宜生观念或信念,把宜生作为自己生活的真正信仰,自觉按照宜生法则而生活。

9

宜生与人的生活境界

　　有些人把生活作为宜生的活动过程,把满足生活需要作为生活的目的,而且认为人们对生活的追求不能仅限于此,不能仅停留在这样一个水平上,因为这种生活追求的境界太低了,人还应该有更高的生活境界,应该有比满足生活需要更高、更远大的价值追求。例如,应该把实现某种崇高的事业作为价值追求,应该为了建立某种美好的理想社会而奋斗。

　　不论人将价值追求推到多么崇高的境界,最终还是要落实到生活需要上来。离开了满足生活需要这个目的,无论表面上看起来多么崇高伟大的境界都可能是虚幻的,是空中楼阁、无本之木。例如,一项事业为什么是崇高的、值得追求的? 为什么要为建立美好的理想社会而奋斗? 最终还不是为了让人们的生活需要得到更好的满足,过上更加美好的生活吗? 诚然,一些人也可以把对某项事业或对美好社会的追求本身作为自己直接的目的性价值追求,即作为自己的一种生活追求。这种高境界的生活追求本身就是一种宜生活动,是一种满足生活需要的生活活动,只不过是对其所选择的生活需要的满足或实现活动而已。所以,从根本上来说,人们的生活的确就是一个宜生的活动过程,就是一个不断满足自身生活需要的过程。人们的实际生活就是如此,把宜生作为生活的根本法则,把生活作为一个宜生过程,是对生活实际的认识。生活的本质就是这样,不是生活境界的高低问题。

当然,人们的生活作为一个宜生活动过程,确实也存在着境界问题。因为人们的生活需要是多种多样的,是有着层次的高低之分的。这多种多样和多个层次的生活需要不可能都得到满足,而究竟把满足什么样的生活需要作为自己的真正生活,人们是有一个很大的选择空间的。如何在这个可能的空间中进行选择,的确有一个境界问题,而不同的选择则体现了其生活境界的不同。

例如,每个人在满足自己需要的同时,又必然涉及怎样对待他人需要的问题。而对于应怎样对待满足自身需要与满足他人需要的关系问题,人们的认识和追求是不同的。这种不同的认识和追求就体现了人们不一样的生活境界。

就是说,生活境界的高低,不在于是否把生活看作宜生的活动过程,而在于人们对于具体的宜生内容的选择,在于选择把满足什么样的生活需要作为自己的生活追求,选择的不同体现出其生活境界的不同。所以,宜生论的生活境界并不一定低,或者说可能低也可能高,而究竟是高是低,取决于每个人对宜生内容的选择。

10

满足需要与克制欲望

按照宜生论的观点,生活的本质就是宜生,是人们用来满足或实现其生活需要的功能性活动。人们必须也应该按照自己的生活需要而生活,使自己的生活需要得到越来越好的满足或实现。

有人对这种宜生论的生活观心存疑虑,担心如果把生活归结为需要的满足,就会助长或导致出现一种欲望泛滥的局面。而欲望的泛滥,不仅会带来个人生活的失望和痛苦,还会带来社会的失序和道德的失范。所以,为了防止欲望泛滥现象的出现,他们反对把生活归结为需要的满足。其实,这种疑虑是不必要的,满足需要和克制欲望本来就是宜生的题中应有之义。对此,我们应该对需要和欲望的含义以及二者的关系有正确的认识。

需要和欲望是两个相互关联而又层次不同的概念。需要是指人们生命存在本性的种种趋向或要求,属于人之为人的天赋本性,是一种客观性的存在。而欲望则是人们对于满足其需要的追求或期望,属于人们一种主观性的需要。需要是欲望的依据,欲望必须与需要相符合,即有欲望的一定是需要的,人不能"欲望"其不需要的。但需要并不都可以成为欲望,人们不能"欲望"其全部需要的。

应该承认,从整体上来看,人们的生活需要是无限的。例如,人们对于保障生命安全和实现健康长寿的要求是无止境的,总是希望能够消除一切危害生命健康的因素,能够越来越健康,越来越长寿,乃至长生不老。而现实中人们满足生活需要的能力和环境条件则是有限的,有限的能力和环境条件决定了人们只能在可能的范围内来争取其生活需要的满足。所以,虽然人们的生活需要是无限的,但在现实生活中人们的欲望不能是无限的,必须有所克制,必须根据现实条件适可而止、适度而为。如果不顾实际能力和环境条件的可能,一味地追求超出可能范围的满足,就会导致欲望泛滥、欲壑难填现象的出现。

可见,欲望泛滥、欲壑难填现象的出现,并不在于是否主张宜生论,不在于是否把生活看作满足生活需要的活动过程,不在于对满足生活需要的追求,而是在于有不顾能力和条件的限制、超出实际可能的欲望,在于对满足生活需要的一种盲目的、过度的追求。这种欲望泛滥、欲壑难填的状况,对于个人来说,会由于条件限制求之不得而感到失望和痛苦;对于社会来说,则可能会导致人和人之间对于资源条件的争夺,乃至发生暴力争夺和战争,使社会失序、道德失范。

因此，要防止欲望泛滥现象的出现，必须在追求生活需要的满足与现实的能力和环境条件的可能之间找到一个相对的动态平衡，在这种动态平衡中使生活需要获得一种适宜的满足。就是说，在现实生活中，既要率性而行，遵循本性需要而生活，不断满足或实现自己的生活需要，又能随遇而安，根据现实条件的可能克制自己的欲望，防止欲望泛滥。

宜生论所追求的对生活需要的满足就是一种适宜的满足。这种适宜的满足实际上已内在地包含着平衡生活需要与满足生活需要的能力、条件的内在要求。就是说，通过权衡和协调，寻求达到对满足生活需要的追求与满足的能力、条件之间的平衡，抑制欲望的泛滥，恰恰是真正以满足生活需要为根本目的的宜生论的内在要求、重要内容和基本特征。所以，坚持宜生论的生活主张，不仅不会助长欲望泛滥现象的发生，反而能真正防止其发生。可见，满足需要和克制欲望本来就是宜生的题中应有之义，满足需要是就生活的本质而言的，克制欲望则是就生活现实条件的可能而言的。

人的需要本无好坏之分

　　对于宜生论的生活观以及把生活归结为满足人们本性需要的活动,除了前文所说的担心会助长欲望泛滥的局面外,有人还存在一种疑虑,即认为这会导致人们得出"满足坏的需要也是合理的"的错误结论,甚至会给一些人做坏事提供借口。

　　有这种疑虑的人认为,人们的需要并非都是天然合理的,有的需要是好的,而有的需要则可能是不好的,好的需要应该得到满足,而不好的需要就不应该得到满足,所以用满足需要来界定生活是错误的。在他们看来,如果把生活就是满足需要的观点贯彻到底,就会导致一些不好的、坏的需要也得到满足,这样一些人做坏事似乎也有了借口,所以,他们不同意把生活定义为满足需要的活动。

　　应该说,这种疑虑是没有必要的。实际上,人们的需要就其本身来说是无所谓好与坏的,并无好坏善恶之分,就像马要跑、蜜蜂要飞、鱼要游一样,都是它们的本性,无所谓好坏之分。

不论是人们的哪种需要,就人的本性需要而言,都是客观的、本然的存在,都会要求得到满足。生活就是人们用来满足其各种本性需要的活动。

当然,我们也应当看到,每个人的本性需要是多种多样的,而不同需要的满足之间既有着相互促进的一面,也存在着相互冲突的一面。如果一种需要的满足与其他需要的满足产生冲突,对其他需要的满足造成伤害,那么,这种需要的满足相对而言就是不好的。

不仅一个人自身的多种需要的满足之间会发生冲突,而且一个人需要的满足和他人需要的满足之间也同样会发生冲突。当一个人需要的满足对他人需要的满足造成伤害时,那么这个人需要的满足相对来说就是不好的。例如,现在很多人都喜欢跳广场舞,应该说,跳广场舞确实有利于人们身体健康和精神愉悦需要的满足,但如果不分场合和时间跳的话,就可能会影响到周围人的工作和休息,就会妨碍别人工作和休息的需要。这同样也有一个如何在自己的需要满足和他人需要的满足之间进行权衡和选择的问题,而不同的权衡和选择,体现出人们不同的道德人格和做人境界。

所以,人们的本性需要就其本身来说,是没有一个好坏善恶之分的,因而把生活看作宜生的活动过程,把满足本性需要作为生活的根本目的和法则,也就不会导致满足坏的需要也是合理的这样的结论,更不会给一些人做坏事提供借口。当然,每个人对于自身各种需要的满足之间、自身需要的满足与他人需要的满足之间可能出现的互相冲突、互相危害，也要有足够的重视，应该认真地进行权衡、选择和协调，争取实现各种需要满足的最优化，实现宜生的最大化。

12

宜生是人类社会产生和发展
的根本法则

　　人是一种社会性的生命存在,人们联合起来组成社会的本意就是更好地宜生,社会的存在和发展变化遵循着宜生功能不断优化的原理而进行。宜生不仅是人们生活的根本法则,也是人类社会产生和发展的根本法则。

　　人在一定的社会关系中生活或者说组成社会而生活是人类生活的基本特征。我国古代哲学家荀子在《荀子·王制》中曾说过:"人,力不若牛,走不若马,而牛马为用,何也? 曰:人能群,彼不能群也。"就是说,单独来看,个人许多方面的能力不如其他动物。但人能优于一切其他动物,成为万物之灵,利用一切存在物为自身服务,一个很重要的原因就是人与人之间能够建立各种各样的联系,形成分工协作、相互依存、相互合作的群体。希腊人有一句谚语:要过好的生活就必须生活在一个伟大的城邦中。当然,如何才能算作一个"伟大的城邦",人们是有争议的,但在希腊人心中有这样一种观念:一个人要过好的生活就必须生活在一个好的共同体中,在这样的共同体中,人们相互尊重,服从规则,人丁兴旺,不为犯罪和贫穷问题所困扰,个人幸福的获得无须以牺牲他人的利益为代价。亚里士多德在《政治论》中早就指出,人在本性上是政治动物。而政治在古希腊就是城邦国家的政治,所以亚里士多德又说,人类自然是趋向于城邦生活动物,凡是自外于社会的人,或者是自足而无须生活于社会的人,他必定或者是野兽,或者是神人;人即使是生活中无须互助,也乐于共同的社会生活。马克思十分重视亚里士多德的这一思想,他指出,人即使不像亚里士多德所说的那样,天生是政治动物,无论如何也天生是社会动物。马克思认为,人不仅是一种合群的社会动物,而且是只有在社会中才能独立的动物。设想脱离社会而存在的人,是不可思议的。所以,当人降生于社会,就进入了社会关系系统。他就不是作为抽象的人而存在了,而是作为社会关系的承担者而出现的。正是基于这一认识,马克思将人的本质界定为一切社会关系的总和。康德也在他的绝对命令的最后一个公式中提出,一个人应当总是按照达成一个"目的王国"的方式去行动,这个"目的王国"就是一个理想的共同体。正如美国哲学家罗伯特·所罗门所说的那样,毋庸置疑,对于我们每一个人来说,好的生活就预设了在一个好的地方与他人生活在一起,而且我们过上好生活的能力至少要部分依赖于那些与我们一起在世界和社会中生活的人们。①

　　社会既是人们生命存在的一种方式,又是人们满足自身生活需要的一种手段,人类社会,包括家庭、家族、民族、国家以及各种社会组织、社会制度、社会活动等,都是人们为了满足自身生活需要而创造出来的。人们的生活需要是人类社会得以存在和发展的根本原因。人们联合起来组成一个社会,是为了使自己的生活需要得到更好的满足。著名社会学家费孝通就曾说过,人的特有生命存在产生了生活需要,生活需要的满足过程是在群体中发生的,并借助于"分工合作体系"推动了社会结构关系(组织、制度等)的形成,"社会所规定的一切成规和制度都是人造出来、满足人的生活需要的手段,如果不能满足就得改造"②。社会就是人们联合起来满足其生活需要的群体结构方式,是人们的宜生联合体。

　　作为一个宜生联合体,社会存在的功能价值就是宜生,社会的好坏优劣在于其是否宜生以及宜生作用的高低。一个好的社会就是宜生功能更加优化的社会,或者说是宜生度更高的社会。在这样的社会宜生共同体之中,人们各宜其生又互为宜生的条件,每个人都能自由自主地选择和追寻自己的适宜生活,使自己的生活需要得到越来越好的满足,同时每个人在满足自身生活需要的同时,又为他人生活需要的满足创造了条

① 〔美〕罗伯特·所罗门. 大问题 [M]. 张卜天,译. 桂林:广西师范大学出版社,2004:302.

② 费孝通:文化与文化自觉 [M]. 北京:群言出版社,2010:113.

件,对自己适宜生活的追寻又成为他人对其适宜生活追寻的条件。通过这种人与人之间的互助合作,每个人的生活需要都得到更好的满足,共同实现更好的宜生。这样一个人们各宜其生又相互宜生的宜生联合体,就是人们追求和建立的美好社会。正是在对这样一个美好社会的追寻和建立过程中,人们追寻美好生活,推动着人类社会文明的不断进步。

　　人类社会发展变化的原理在某些方面类似于生物进化原理,生物的进化是遵循着基因突变、自然选择、优胜劣汰的规律进行的,如果基因突变产生了功能优势,使得有机体存活率提高,自然选择就会使其得以生存和壮大。人类的各种社会活动如同生物基因突变一样,某些社会活动方式能在既定环境中得以存在并"壮大",正是因为它们具备了宜生的功能优势,能够使人们的生活需要得到更好的满足。人类社会的发展变化就是按照宜生功能优化的原理而进行的,是一个宜生功能不断优化的过程。人类的各种社会活动,包括所创立的各种思想观念、理论学说、制度模式、生产方式和分配方式以及医疗政策、住房政策等,其好坏优劣,是被接受还是被抛弃,能否得以存在和不断壮大,如同基因突变一样,最终都取决于它们对于人们生活需要的满足情况,取决于它们在何种程度上回答和解决了人们的生活需要问题,即取决于是否更加宜生。哪种社会形态或哪种社会行为方式更具有宜生优势,能更好地满足人们的生活需要,就会逐渐被越来越多的人所认可和采纳,就会不断得以发展壮大,成为主流的社会形态和社会行为方式。

在历史进程中,无数的社会行为模式被尝试,然后被摒弃,而一些模式最终被人们普遍采纳并占据主导地位,其根本原因就在于它们在功能上对于满足人们的生活需要更具有优势。如果某种社会制度、社会组织、社会活动长期不能适应和满足人们的生活需要,迟早会被人们所抛弃。历史上和当今世界所发生的各种改革和变革,从本质上说正是人们的生活问题和人们的生活需要所推动的结果。随着生活需要和生活环境的变化,人们就要不断创造出各种功能更加优化的社会事物,如文化、技术、组织和制度等,以不断提高社会的宜生度,更好地满足人们的生活需要,提高人们的生活品质。人类社会作为一个宜生联合体,其发展变化就是一个以满足人们的生活需要为根本动力和根本价值的宜生功能不断优化和提高的过程,是遵循着宜生功能优化原理而进行的,发展变化的方向就是越来越宜生。

总之,社会是人们的宜生联合体,社会存在的根本价值就是宜生,社会的存在和发展变化遵循着宜生功能不断优化的原理而进行,社会文明的发展进步就是一个宜生功能不断优化的过程。正确认识社会作为人们宜生联合体及其发展变化的原理,有助于我们更好地推进社会建设和开展各种社会活动,使社会的宜生功能越来越优化,使社会越来越宜生,防止宜自己之生而损害他人,防止相互宜生变为相互伤害,而是应使每个人的生活需要都能得到越来越好的满足或实现。

13

宜生是人们进入自己适宜
生活"房间"的共同"走廊"

　　每个人都希望找到并过上自己的适宜生活,而宜生则是通向自己适宜生活的"走廊",只有遵循宜生法则,通过宜生这个"走廊",才能进入自己适宜生活的"房间"。

　　实用主义把是否有用作为判断生活和做事正确与否的标准,这有一个重要的缺陷,就是没有进一步指出这种有用是在什么意义上有用,没有指出对生活和做事进行判断的根本价值依据是什么。在我看来,这个根本价值依据应该是宜生,就是对人们生活需要的满足。而如果将是否有用理解为是否宜生,用是否宜生对所做事情的正确与否进行判断,就可以避免实用主义的上述缺陷了。这样,有用就不是在任何别的意义上的有用,而是在是否宜生问题上的有用。所谓有用就是有利于宜生,有利于生活需要的满足。这样,我们就可以模仿实用主义哲学家詹姆士的比喻,将宜生比喻为旅馆里的一条长廊,在长廊上有很多的房间,在各个房间里,不同的人的生活方式可以不同,做的事情也可以不同,但相同的是,都要遵循宜生原则而进行。就是说,宜生是大家进入各自适宜生活"房间"的共同"走廊"或可行的"通道",只有通过宜生这个共同的"走廊"或可行的"通道",人们才有可能到达自己适宜生活的"房间"。

在现实生活中,人们的生活方式和所做的事情是多种多样的,不同的人有着各自的适宜生活,但满足生活需要,即宜生,则是一切活动的总背景,我们只有参照这一总背景才能正确地理解各种活动的价值和意义。无论以什么样的生活方式生活,无论做什么样的事情,只有满足生活需要才是合理的、有意义的。宜生不仅是人的本性之所在,是人们一切活动的根本法则,也是人类活动的价值和意义之所在。

所以,只有遵循宜生法则,才有可能真正找到和过上适宜的生活,只有通过宜生这个"走廊",才有可能进入适宜生活的"房间"。

14

宜生包括宜身、宜心、宜社会和宜生态

　　生活是一种宜生活动,是人们生命存在之本性需要的满足活动。生命存在是生活的根本立足点,正确认识和把握人的生命存在,是正确认识和把握人们生活的基本前提。那么,人的生命存在究竟是怎样的一种存在呢? 对此,我们可从四个方面来认识。

　　第一,人的生命存在是一个身体性的存在。每个人作为一个生命存在于世,首先是拥有一个身体或者说是肉体,即人的生命存在首先体现为一个身体的或肉体的生命存在。人的身体是一个极为奇妙的物质组合体,是生命的载体,是人作为生命存在的最直观的体现,也可以说人的身体的存在就是人的生命存在本身,没有了身体的存在也就没有了人的生命,没有了人的存在。

　　第二,人的生命存在也是一个精神性的存在。人首先是一个身体性的生命存在,但只是生物学意义上的生命存在还不能算是一个真正意义上的作为人的生命存在。人作为人,不仅拥有一个物质性的身体,还拥有一个精神性的心灵,包括认知理性、情感道义、理想信念等。有心灵、有精神,这是人之为人的本质特征之一,是人作为人的重要依据。没有了身体就没有了人的生命存在,而没有了心灵或者心灵出了问题,就不是一个健全的生命存在,或者说不是真正意义上的人的生命存在。

第三,人的生命存在是一个社会性的存在。每个人都生存于一定的社会人际环境之中,都是一个社会性的生命存在。人只有在社会中才能存在。人不仅是一种合群的社会动物,而且只有在社会中才能生存,不可能离开社会而存在。亚里士多德在《政治论》中指出,凡是自外于社会的人,或者是自足而无须生活于社会的人,他必定或者是野兽,或者是神人。每个人都是作为某种社会关系的承担者而存在的。当人降生于社会,就进入了社会关系系统,就不是作为一个抽象的个体而存在着,而是作为社会关系的承担者而出现的。每个人都具有某种社会身份或角色,例如,每个人一出生就是作为儿子、女儿、哥哥、姐姐等出现的,长大后还要上学、工作,还要做父亲、母亲等,都存在于各种各样的社会关系之中。作为一个社会关系的承担者,每个人都要做好其特定角色应该做的事情,是父亲就要做一个父亲应做的事,是孩子就要做一个孩子应做的事,这是人作为社会性生命存在的基本要求。如果一个人不承担自己的社会角色,例如一个父亲不承担作为父亲的责任,他的人格就是不健全的,就不是一个健全的生命存在。马克思就曾说过,人的本质是一切社会关系的总和。每个人的活动都会对社会产生某种作用或影响。既然每个人都是存在于社会关系之中的,都是作为某种社会关系的承担者而存在的,那么人们的各种活动也就都是在一定的社会关系中进行的,都会给相应的社会关系中的人带来某种影响。从一定意义上说,人的各种活动都是社会性的活动,都具有某种社会性的意义。

第四,人的生命存在是一个生态性的存在。每一个人既生存于一定社会人际环境之中,也生存于一定的生态环境之中。人类的生命存在和生态环境是紧密联系在一起的,人不能离开生态环境而存在。生态环境是人们生存和发展的基础。人的生命本身就是自然的产物,是自然的一部分。人们生活的全部物质资料都来自自然,只有不断同自然环境进行物质、能量和信息的交换,才能维持自己的生存和发展。同时,优美的生态环境,还可以陶冶人的情操,促进人的身心健康和全面发展。人与生态环境是一个共生共存的关系,不同的生态环境会使人的生命存在具有不同的特性,呈现出不同的面貌。例如,有研究表明,人类最早诞生于非洲,当时人类的许多生理、心理特性都与非洲的生态环境密切相关。后来,人类走出了非洲,生态环境变化了,人们生命存在的许多特性也随之发生了改变。例如,人们的肤色就由黑色慢慢变成了别的颜色。再例如,在人类早期几乎完全处于自然环境状态的时候,人们的生命存在主要遵循着生物进化规律而演化,基因突变、自然选择、适者生存。而当人类发明了农业技术后，极大地改变了生态环境，人类生命存在的演化也就发生了改变，那种生物进化规律也就可能不再起主导作用了。每个人的活动都会对生态环境产生种种影响，都会多多少少地给生态环境带来某种改变。所以，人们在生活中必须正确处理自身与生态环境的关系，在改造环境的同时，保护和不断改善环境，使人与自然能够共生共存、共同发展。

　　总之，人的生命存在既是一个物质的身体性存在，也是一个心灵的精神性存在，同时还是一个社会性存在和生态性存在，是身性、心灵、社会性和生态性四位一体的生命存在。身体生活需要、心灵生活需要、社会生活需要和生态生活需要也就成为人们生活需要的四个基本方面，对于生活需要的满足也就要从身体生活、心灵生活、社会生活和生态生活的统一中来把握，要从宜身、宜心、宜社会和宜生态四个方面的统一中来把握宜生，既要满足人们身体的和心灵的生活需要，也要满足人们社会生活和生态生活需要。

15

保障生命存在使人能够活下去

生而为人，就面临着两个需要回答和解决的根本问题：一个是怎样使自己的生命能够存在下去，也就是能够活下去；另一个是怎样使自己的生命存在能够存在得更好，也就是能够活得更好。人们的一切生活活动，其根本价值或意义最终都要落实到保障和改善人的生命存在上来，使人们能够活下去和活得越来越好。

保障生命存在是首要问题。道理很简单，改善人的生命存在的前提是人的生命存在着，如果生命存在都不能得到保障，也就根本谈不上改善的问题了。所以，生活的首要价值就是要保障人的生命存在，使人们能够活下去。人一生的活动，很大部分属于这种保障生命存在的活动。

所谓保障人的生命存在主要包括两个方面的内容：其一是保障个体的生命存活，使人们能够健康长寿；其二是保障生命的世代延续，使人类得以繁衍生息。

保障生命存在的第一个价值追求就是要保障每个人的生命安全，使人们能够健康长寿。这类活动包括人们的吃穿住行、睡眠休息、养生锻炼、防病治病以及防止各种由自然（如自然灾害、疫情）和社会（如战争）带来的对生命的伤害等。每个人都希望自己的生命能继续存在下去。世界上恐怕没有人不愿意继续活下去，这是人之为人的生命本性，甚至可以说是一切生命的本性。所以，人之为人的最基本的需要就是维持生命的存在，就是要活下去。所谓活下去，对于每个人来说，就是生命安全，就是健康长寿。人类一切活动的首要目的就是要使自己能够安全地活着，就是要越来越健康、越来越长寿。

保障生命存在的第二个价值追求是保障生命的世代延续，实现人类生命的繁衍生息。这主要体现为人们的生儿育女活动，进而还延伸至恋爱结婚、优生优育、家庭家族等方面的活动。就实现人类生命的繁衍生息来说，每个人都是作为人类生命延续链条上的一个环节而存在的，生儿育女，实现生命的传承延续，是其生命存在的本性需要，也是其生命存在的重要使命。有人说，一个人是否恋爱结婚、生儿育女，是他自己的自由和权力，他人无权干涉。这话似乎不无道理，但同时我们也应该看到，生儿育女实现生命的繁衍生息更是人作为生命存在的本性和使命，是人生命活动的一项重要内容。一个人的生命活动如果缺少了繁衍生息的内容，就可以说是一种有缺陷的生命存在，其人生就是不完整的。无论是对于每一个人来说，还是对于人类来说，保障生命的繁衍生息是保障生命存在的基本内容,是人们活动的基本价值追求。

总之,每个人的生命存在,既是一个个体的生命存在,同时又是人类繁衍生息链条上的一个环节。保障生命存在,实现健康长寿和繁衍生息,是人的本性需要,也是人的基本使命或职责,是人们生活的首要价值和第一原理,也可以说是人类生活的公理。而各种破坏或危害人类生命存在的活动(例如战争和暴力恐怖活动)则是违背人性和人类活动公理的行为,理应加以制止。

16

改善生命存在使人能够活得好

如果说保障生命存在使人们能够活下去，是生活的首要价值，是宜生的基本任务，那么改善生命存在使人们能够活得好，则是生活的更高价值，是宜生更重要的任务。

当人们的生命存在尚难以得到保障的时候，人们生活的重心就是保障生命存在，争取能够活下去。而在生命存在得到基本保障的基础上，人们就会进一步改善自己的生命存在，使自己能够活得更好一些。从以实现活下去为重心转向以争取活得好为重心是人们生活的基本要求和基本趋向，要活下去，更要活得好。

活下去所追求的是保障生命存在，能够健康安全地繁衍生息。活得好所追求的则是对生命存在状况的不断改善，使人们的生命能够存在得越来越好。这种对于活得好的追求主要体现在三个方面：一是提升生命的高度，二是体验生命的乐趣，三是创造生命的意义。也就是说，所谓活得好，就是要活得有高

度、有乐趣、有意义,就是要活出生命的高度、活出生命的乐趣、
活出生命的意义。

一、活出生命的高度

活得好的第一个体现就是不断提升生命的高度。

能够活下去是人们最基本的需要,保障生命是人们一切生
活的前提和基础,但人们不会仅仅满足于能够生存,不会仅仅
停留在能够活下去的水平上。在生存需要得到基本保障的基
础上,人们会进一步丰富自己、提升自己,使自己不断成长。所
以,实现成长,活出生命的高度,就成为活得好的重要追求和重
要内容。

所谓实现成长,活出生命的高度,主要包括人们自身人格
素质的不断提升和功能作用的更好发挥两个方面。这两个方
面是密切关联的,人格素质要通过一定功能作用的发挥来体
现,而功能作用的发挥又依赖于一定的人格素质。我们说一个
人活得好,首先就是指他的不断成长,他的生命存在高度的不
断提升,也就是他的人格素质的不断提升及其功能作用越来越
好地发挥。例如,一个人具有很好的打乒乓球的天赋条件,因
而在其基本的生存需要有了一定的保障之后,就去积极从事打
乒乓球的运动,在运动中使自己打乒乓球的天赋不断得以发
挥,能力不断得以提升,并得到越来越好的发挥。打球的水平
越来越高,就是他活得好的一个重要体现。

二、活出生命的乐趣

活得好的第二个体现就是体验和感受到生命的乐趣。

人们在生存需要得到基本的和比较稳定的保障的基础上，提升自己生命高度的需要会逐渐凸显，同时对于能够自由选择自己所喜欢的生活，从中得到快乐感、幸福感的需要也会逐渐凸显，人们也会越来越多地追求生命存在的乐趣。所以，体验快乐，活出生命的乐趣，同样是活得好的重要追求和重要内容。

活出生命的乐趣主要体现为人们内在的生命感受或体验。需要说明的是，人们的内在感受包括许多方面的内容，例如喜欢、高兴、有趣、舒适、自豪、幸福、快乐，这里我用快乐或乐趣来涵盖其众多内容。就是说，我这里所说的快乐或乐趣是一个总称。当然，如果你愿意的话，也可以用其他概念，例如用幸福、喜欢或舒适，但我觉得还是用快乐或乐趣或许更好一些，因为这众多内在感受的一个共同特征就是要拥有快乐或乐趣。

三、活出生命的意义

活得好的第三个体现就是对于生命存在意义的追寻和创造。

人不仅需要活下去，需要活得有高度、有乐趣，而且需要活得有意义，就是要对自己生命存在的意义有清楚的认识，并能自觉以自己对意义的认识为导向而生活，使生活成为自觉追求和创造意义的活动过程，从而在生活中时刻感受到生命存在之意义。如果一个人不清楚自己生命的意义或在现实中失去了生命的意义感，就会在生活的种种选择面前无所适从，找不到生活的方向,感受不到生活的快乐,缺少生活的兴趣,就会感到空虚、无聊。所以,追寻意义、创造意义、活出生命的意义,也是人们活得好的重要内容。

总之,所谓活得好,主要体现为活得有高度、有乐趣和有意义三个方面,就是在生命存在得到基本保障的基础上,活出生命的高度,活出生命的乐趣,活出生命的意义。

对于活下去的追求体现的是人们的生存需要,而对于活得好的追求体现的则是人们的成长需要、快乐需要和意义需要。这样,生存需要、成长需要、快乐需要和意义需要成为人们生命存在的四个基本需要,人们的生活作为一种宜生活动,作为一种满足人们生命存在需要的活动,要保障生存、实现成长、感受快乐和创造意义。要保障生命的存在,使人们能健康安全地活下去;更要不断改善生命的存在,使人们活得越来越好,活出生命的高度、活出生命的乐趣、活出生命的意义。人们的生活就是由保障生存类的生活活动、实现成长类的生活活动、感受快乐类的生活活动和创造意义类的生活活动所组成的一个结构性的整体活动过程。

17

要从整体结构上把握生活

一、要根据四类生活活动的状况来把握生活

人们的整体生活是由保障生存类的生活活动、实现成长类的生活活动、感受快乐类的生活活动和创造意义类的生活活动这四类功能活动所构成的，其中每一类生活活动在整体生活中都有其独立的价值，都是生活的重要方面，缺少了哪一个方面，生活都是不完整的或有缺失的。我们必须全面地认识这四类活动，不能仅仅根据某一个方面的活动状况对整体生活做出判断。

例如，人最基本的生活需要就是生存，就是要能够活下去，能够健康安全地活着，所以保障生存类的生活活动就是人们整体生活的一个最基本的方面，是不能为别的方面的生活活动所取代的。我们经常听到有人提出这样一个问题：人活着究竟为了什么？应该说这个问题本身就是有问题的。它的问题在于使人们感觉到活着只具有工具性价值，只具有为了别的什么东西而存在的价值,否定了活着本身就是生活的一种独立的目的性价值。其实,能够活着本身就是人们最基本的生活需要和生活价值。人不是为了别的什么才活着的,活着本身就是活着的价值和理由,在一定意义上也可以说,活着就是为了活着。尽管能够活着本身就是生活的重要价值,但也只是人们整体生活的一个方面,不能用它取代其他生活活动的价值,不能说人们一切活动都只是为了活着(人的生命存在受到严重威胁的极端情况除外),因为活着并不是生活的全部。除了活着之外,人们还有其他方面的生活需要和生活追求,它们同样是整体生活不可或缺的部分,例如,还要实现成长、感受快乐,要寻找和创造意义,也就是还要活得有高度、有乐趣、有意义。再例如,感受快乐是人们生活不可或缺的重要内容,如果一个人在生活中感受不到任何乐趣,这样的生活是难以想象的。但同样不能把这种对快乐生活的追求绝对化了,不能仅仅根据是否快乐、是否有乐趣来对生活整体做出判断。有一种快乐主义者就把人们对快乐生活的追求绝对化了,他们把快乐看作生活的唯一追求,而其他一切都不过是获取快乐的手段而已。古希腊哲学家伊壁鸠鲁是著名的快乐主义者,西方功利主义哲学也同样主张类似的观点。现在有一些家长经常说一句话,孩子将来做什么不要紧,只要他感到快乐就行。这也属于快乐主义的一种通俗的表达。所以,这里我们必须区分关于快乐的两个观点。第一个观点是,感受快乐是人们重要的生活需要,是生活的一个重要内容;第二个观点是,快乐是人们生活的唯一追求。对于第一个观点,多数人都会同意,但对于第二种观点,很多人难以接受。因为除了快乐之外,还有很多其他方面的生活也都是人们所需要的。快乐是生活的重要组成部分,但不是生活的唯一目标,好的生活除了快乐还有更多的内容。

所以,对于人们生活的认识,必须通过对保障生存类的生活活动、实现成长类的生活活动、感受快乐类的生活活动和创造意义类的生活活动的全面考量进行综合判断,既要看是否活得安全健康,还要看是否在成长中不断活出新的高度,是否活得开心快乐和有意义。只是片面地强调生活某一方面或某几个方面的内容是不够的,是有缺陷的。

二、要根据四类生活活动的结构状况来把握生活

四类生活活动相互联系、相互作用,构成人们的整体生活结构。这四类生活活动在整体生活中的地位和作用不同,相互联系和相互作用的方式不同,使生活的整体结构呈现出不同的图景或面貌。例如,虽然人们生活中都有四类生活活动的内容,但这四类活动在每个人整体生活中的地位和作用可能是不同的。有的人的整体生活是以生存活动为主导的,而有的人的生活是以感受快乐类的活动为主导的,还有人则是以实现成长类的活动或创造意义类的活动为主导的。主导活动的不同会使人们的整体生活呈现出非常不同的面貌。例如,以保障生存为主导、整天为能够活下去而挣扎的生活和以追求体验或感受快乐为主导的生活在整体上肯定是很不一样的。一般来说,人们在最初阶段主要是以生存类活动为主导生活,然后进入一个较

高的阶段,就是以实现成长或感受快乐类活动为主导的阶段。生活的最高阶段是以创造意义的活动为主导的阶段。但就每个具体的人来说,个体生活会具有很大的不同。这原因有客观的,也有主观的,有的人一生可能都过着以生存为主导的生活,有的人可能很早就过上了追求幸福快乐的感受或实现成长的生活,而有的人则会早早就以追求和创造意义为主导而开展自己的生活活动。

三、要根据四类生活活动的具体内容和具体方式来把握生活

构成人们整体生活的四大类活动各自有不同的具体内容和具体方式,人们开展同类生活活动,但选择的具体内容和方式可能是不同的,而具体活动内容和方式不同,也就使得生活呈现出不同的面貌。每个人都在生活中不断地寻找自己最适宜的活动内容和方式。例如,同样是开展感受快乐类的生活活动,一个人喜欢并选择了旅游观光,另一个人则选择了休闲钓鱼,两个人选择的具体活动内容不同,其生活的面貌就有所不同。再例如,同样是进行养生活动,在具体方式上就有所谓的"兔派"和"龟派"之分,"兔派"主要采取了运动锻炼的方式,而"龟派"则主要采取了少动静养的方式,二者采取的具体活动方式不同,生活面貌也就有所不同。

总之,人们生活的整体状况如何,取决于每一类活动的状况如何,取决于各类活动之间的结构状况如何,还取决于各类活动的具体内容和具体方式如何。人们的整体生活过程是一个不断改善各类活动状况、不断优化各类活动的整体结构和不断寻找各类活动最适宜的具体内容和方式的过程。我们必须从整体结构上来认识和把握生活。

18

生活的基本走势

　　我们对于下雨时山上的每一滴水会如何进入山谷、其具体的路线,肯定是无从了解的,但其基本方向是可以知道的。由于重力的作用,水一定是向下流的。同样,对于人们生活的具体演变过程,我们无法准确了解,但对于其基本走势是可以知道的。生命存在的本性需要,其方向一定是向上的,是一个由低层次生活向高层次生活依次转化提升的过程。

　　每个人都同时存在着生存需要、成长需要、快乐需要和意义需要四个方面的生活需要,但在不同的情况下,这些需要在人们生活中的地位是不同的,对人的行为的支配力是不一样的,其中对人的行为具有最大支配力的需要就是"优势需要"。如果某种生活需要成为优势需要,它就会作为人们生活的主要动机,浮现在人们的意识中,人的生活及各种活动就会主要围绕着满足这一优势需要而展开。人们所要满足的优势需要不同,也就使得人们的生活呈现为不同的类型。根据所要满足的优势需要的不同,可把人们的生活分为以生存型生活为主导的生活、以成长型生活为主导的生活、以快乐型生活为主导的生活和以意义型生活为主导的生活。这四个类型的生活体现了人们的生活由低到高的四个基本层次。

一般来说,人们的生活呈现为一个由低层次生活向高层次生活依次转化提升的基本走势,呈现为一个由生存主导型到成长主导型,再到快乐主导型,然后到意义主导型生活的转化提升过程。当然,这种转化提升是一种自我超越的过程,而不是高层次生活对低层次生活的取代,并不是说当低层次生活转化为高层次生活后,低层次生活在生活中就可有可无了,而只是不再起主导作用了。

以保障生存为主导的生活的优势需要就是生存。生活的主要追求就是满足生存需要,保障生命存在,能够好好活下去。生存需要是人们维持自己生命的存在和延续的需要。如果不能满足人的生命存在和延续的生存需要,人的一切活动也就不可能有了。所以,当人们尚难以保障生命存在的时候,生活活动的重心就是对于生命存在的保障,就是要努力创造各种生活条件以使自己活下去。

在人的生存需要得到基本的和比较稳定的满足的基础上,成长需要就会逐渐成为优势需要,人们生活活动的重心就会转向满足成长需要上来。成长型生活就会逐渐成为人们的主导型生活。人们的成长需要主要包括人格素质的提升和功能作用的发挥两个方面,以实现成长为主导的生活主要包括人们人格素质的不断提升和功能作用的更好发挥两个方面的活动。这两个方面的成长活动是密切关联的,人们的人格素质要通过一定的功能作用的发挥来体现,而功能作用的发挥又要依赖或依附于一定的人格素质。

一个人在其实现成长性需要的过程中,或者在其成长性需要得到一定程度的实现之后,就会越来越注重对于生活的内在感受与追求,对于感受或体验快乐的需要就会渐渐凸显出来,并慢慢成为自己的优势需要。由此,人们就会致力于自由地选择自己所喜欢的生活,从而在生活中获得一种快乐感和满足感。人们的生活层次也就会逐渐转变为以感受快乐为主导的生活。

人不仅需要生存、需要成长、需要快乐,而且需要一种生命存在的意义感。所谓意义感,就是对自己生命存在的意义有着清楚的认识,并能自觉以自己对意义的这种认识为导向而生活,使自己的生活成为一个自觉追求和创造意义的过程,从而在生活过程中时刻感受到生命存在之意义。生活的最高层次就是以创造意义为主导的生活。当然,创造意义的生活活动本身还有一个高低层次之分。

上述的生活层次由低到高的转化过程,只是从人们生活的整体和一般性趋势来说的,而就每一个具体的人来说则可能会有很大的不同,不一定都严格按照这样一个顺序来提升自己的生活层次。当基本生存需要得不到满足时,保障生存型的生活总要优先于其他生活类型,而当生存需要有了基本保障时,人们的生活类型排序就会开始产生差别，不同的人可以在几种更高层次的生活类型中对自己的主导型生活做出不同的选择。

所以，我们每个人应该认真审视一下自己当前的生活状况，评估一下自己的生活整体上应该主要属于生活的哪个层次或类型，以清楚自己下一步的生活选择和追求。

生活品质不断提升的基本特征

人们生活品质不断提升的过程,主要呈现为四个方面的基本特征:一是生活内容不断拓展,二是生活水平和生活品位持续提高,三是主导生活向高层次转换,四是生活的自由选择能力越来越强。我们根据这四个方面的特征就可以对整体生活的提升状况及其所处的层次有一个基本的判断。

一、生活内容不断拓展

保障生命的存在是人的第一生活需要,当活下去的生存需要得不到满足时,人们的生活内容就主要体现为保障生存的活动,而其他各种活动往往只是作为保障生存的手段而存在。而当生存需要得到基本保障后,人们的生活内容就会向生存之外的活动拓展,就会为自己的生活增加越来越多的新内容。例如,人们在生存需要得到基本满足之后,对于艺术体育、休闲娱乐、旅游观光、社会参与等活动的生活需要就会凸显出来,就会逐渐把许多原来不属于生活范畴的事情纳入生活内容之中，使自己生活的内容越来越丰富多彩。这些新增加的生活内容，主要目的是要改善生命的存在状况，使人们能够活得更好，使人能够不断成长，活得越来越开心快乐，活得富有意义。不断使自己的生活内容向保障生存之外的领域拓展，使自己的生活内容越来越丰富多彩，这是人们生活品质不断提升的一个基本特征。

二、生活水平和生活品位持续提高

人们的生活内容是多种多样的，不同生活内容之间的品位和层次是不同的，例如，一般来说，读书写作可能比打麻将的品位要高一些，进行科学研究要比吃喝玩乐的品位高一些。而就每一种生活内容来说，其实现的水平也会不同，同样有一个高低之分。例如，同为下棋，其水平有高有低；同为写作，其作品质量会很不一样。所以，人们生活的基本走向、人们生活品质的提升，不仅表现为要不断拓展生活的内容，使生活的内容更加丰富多彩，同时也表现为要不断提升生活的高度，使生活水平和品位越来越高。例如，追求艺术的人努力争取在艺术上有越来越高的修养，从事体育活动的人努力在体育活动方面达到更高的水平等。不断提升生活的高度，使自己的生活水平和生活品位越来越高，是人们生活品质不断提升的另一个基本特征。

三、主导生活向高层次转换

人们生活品质不断提升的特征,不仅体现为生活内容的不断丰富和生活水平的不断提高,而且体现在主导生活的转化方面。每个人的生活从整体上来说都是由保障生存类的活动、实现成长类的活动、感受快乐类的活动和创造意义类的活动组成的。这四类活动相互联系、相互作用,构成人们的整体生活。但这四类活动在每个人生活中的地位可能是不同的,作用的大小是不一样的。例如,有的人的生活是以生存活动为主导的,而有的人的生活是以感受快乐类的活动为主导的,还有的则可能是以实现成长类活动或创造意义类活动为主导的,这种主导活动或者说具有优势活动的不同就会使得人们的生活呈现出非常不同的面貌。一般来说,人们的主导生活呈现为一个由低层次生活向高层次生活转换的基本走势。这种主导生活向高层次的转换,就成为人们生活品质不断提升的又一个基本特征。

四、生活的自由选择能力越来越强

人们生活品质的提升不仅体现在生活内容的丰富多彩、生活水平和品位的提升,以及主导生活向高层次的转换方面,同时也体现为人们可以对多种多样的生活内容进行自由选择。人们希望有能力自由选择自己的生活,能够真正过上自由的生活。在这里,对生活的自由选择已不仅是提高生活品质的一种手段,更成为人们生活内容的一个重要方面。就是说,一个人能否自由地选择自己的生活,本身就是其生活品质提升的一个重要尺度。确实,一个人被迫谋生和过着自己自由选择的生活,虽然表面上看也可能具有相似的生活状态,但实际上其整体生活品质是非常不同的。例如,一个人被迫吃野菜充饥和另一个人在可以有多种选择的前提下而自由选择去吃野菜相比,虽然生活状态类似,都是吃野菜,但二者的生活品质显然是不一样的。所以,不断增强自由选择生活的能力,自由地选择自己的人生,使生活越来越自由,也就成为人们生活品质提升的一个基本特征。

总之,人们整体生活水平不断提升的基本特征就是:生活内容不断丰富,生活水平和生活品位持续提高,主导型生活向高层次转换,生活的自由选择度越来越高。

生存型生活

　　生活是人们用来满足生活需要的活动。人们的生活需要
主要包括生存需要、成长需要、快乐需要和意义需要四个方面。
所以，人们的生活也主要包括保障生存型的生活活动、实现成
长型的生活活动、感受快乐型的生活活动和创造意义型生活活
动这四类活动，是由这四类活动所组成的一个结构性的整体活
动过程。生存型生活是人们整体生活的一个重要方面，其主要
目的是满足人们的生存需要，保障人们的生命存在。

　　所谓保障人们的生命存在，首先是要保障人的个体生命的
存活和人类生命的繁衍，同时要保障人们能够作为社会文化生
态意义上的"正常人"而"体面"地生活着。

　　人既是个体的生命存在，又是人类繁衍链条上的一个环
节。保障人首先就是要努力保障个体生命的存活，使人们能够
越来越健康长寿。从人作为人类种族繁衍生息链条上的一个
环节这个意义上来说，则是要保障人类生命的延续。保障个体

生命的存活,实现种族生命的延续,是人最基本的生存需要,是生存型生活的首要价值追求。

但是,人们的生存需要不仅指个体生命的存活和人类生命的延续,还包括人们在社会文化生态意义上的生存需要,要过有尊严的生活。即人不能像动物般生存,仅仅维持衣、食、住等必要物质生活条件的最低限度,而应具有一定文化生活水准,即有能在社会上保持作为"人"的尊严的最低限度的经济性的和文化性的生活。

一般来说,对于生存需要的满足而言,存在一个客观上的最低限度或临界状态。如果低于此限度,人的生存就成为不可能。当然,这个限度在经验上并不容易确定,而且会随着人类社会发展状况的不同而变化,但无论如何变化,也还是存在着某些基本尺度的。例如,人们有时会说某些人过着非人的生活,这表明在人们的心目中,存在着一个判断"人"与"非人"的标准。所以,尽管物质生活资料是人们生存的最基本条件,但人们的生存需要并不仅仅是对物质生活资料的需要,而同时包括对基本的社会条件、精神条件和环境条件的需要,包括吃饱穿暖、生命安全,有房子住、有工作做,生病能得到治疗,有必要的生活设施、适宜的生活环境,能接受基础教育,拥有人身自由、人格尊严,为延续后代而生儿育女等。总之,对于人们生存需要的满足,在客观上是存在最低限度的,低于这样一个限度,人将非人。以贫困为例,一般说来,贫困和非贫困的分界线是生存需要线或最低限度的生活水平线,可以先确定维持生存需要的基本生活必需品,包括食物、衣着和住房等,然后计算出以最低价格购买最小数量的这些物品所需的资金。当个人或家庭的经济状况无法达到这个资金量时,被认为是贫困。在实际生活中,生活必需品的标准会随着所在家庭或社区之生活方式的不同而变化。例如,手机在一些地方可能是必需品,但在另一些地方未必是。如果一个人缺少基本的维持身体生命需要的资源,无可非议,他是一个贫困者。而如果一个人不能维持某种生活水平,即按照他所在地区的风俗习惯,没有达到一个体面人应该过的那种生活水平,那么他仍然可能被认为是一个贫困者。

根据生存需要的满足状况,我们可以把人们的生存型生活分为饥寒型、温饱型和体面型三个类型。

饥寒型生活是指人们的物质生活资料不足以满足最基础的生存需求,处于一种吃不饱、穿不暖的状态,其他生活条件也大多处于基本限度以下。在这种状况下,人们的基本生活追求就是能够活下去,能够吃饱穿暖,人们生活活动的重心就是保障肉体生命的存活。

温饱型生活是指人们的生活条件有了一定提高,物质生活资料基本上能够满足人们吃饱穿暖的生存存在需要,有房子住,有工作做,有必要的生活设施,有病能得到及时的治疗等,人们的肉体生命安全和种族生命的繁衍生息得到基本保障。

体面型生活是指人们的生存需要不仅得到了基本满足,而且得到了精神、社会文化生态意义上的基本满足，使人们能够作为一个正常的社会文化生态意义上的人而体面、有尊严地生活着。

21

生儿育女是生存型生活的
重要内容

    生存型生活就是要维持和保障人生命的存在和延续,生儿
育女则是生存型生活的内在要求和重要内容,这可以从以下几
个方面来认识。

    第一,生儿育女是人的天性。繁衍生息,爱护孩子,保护孩
子,是人的天性。为了孩子,父母会不惜一切甚至牺牲生命,这
样做甚至不需要理由,而是天性使然。

    第二,人们把生儿育女看作自身生命的一种延续行为。人
之为人的最基本的生活需要就是要保障自身生命的存在,但无
论如何,每个人最终都会死亡,这是人生的最大遗憾。而生儿
育女则是人们消除这种遗憾的重要途径。当一个小生命诞生,
父母仿佛在他身上看到了自己的影子,就会把儿女看作自己生
命的一部分,看作自己生命的一种延续,自己虽然会死亡,但自
己的生命会在子女身上延续下去,因而也就在一定程度上缓解

了自己对生命有限性的遗憾,减轻了对死亡的恐惧感。

第三,尽享天伦之乐是人们老年生活的重要部分。每个人都会逐渐变老,人步入老年后生活会有种种不便,甚至许多事情无法自理,而生儿育女、享受天伦则被看作人们老年生活的重要保障和重要内容。我国历史文化中就一直有着养儿防老的说法。即使随着社会的发展,社会化养老设施和服务日益完善,但也难以完全代替有儿有女的天伦生活,难以完全代替父母与子女间的情感连接。诺奇克在其《被检验的人生》一书中曾将父母与子女生活关系的变化进行了这样的描述。当孩子年少的时候,管理这种关系,监护它和使它保持平稳,这是父母的任务。也许经过某个短暂的时期,责任就变得更平等了,然后,在不知不觉中维持这种关系就变成了现在已经长大的孩子的任务了,而且有时要哄父母,逗他们高兴,避免刺激他们的话题,安慰幸存下来的那一个。

第四,生儿育女是保障人类生命延续的需要。维持自己生命的存在和生儿育女以保持人类的延续是人作为人而存在的基本前提和基础,从人类社会来说,生儿育女不仅是个人的私事,同时更是一件关系人类生命延续和种族存在的重要事情。

总之,生儿育女本来就是人的内在需要,是人的天性使然。

22

加强生命自觉　化解生死困境

　　人皆乐生,无论在任何情况下,都本能地希望活下去。在现实生活中,每个人都会想方设法地保障自己生命的存在,争取好好活下去。人们用以保障生命存在的活动就是生存型生活。

　　生存型生活的主要目的是满足人们的生存需要,保障人们的生命存在。而保障生命存在也就是要消除对生命存在的威胁,防止死亡的发生,所以,运用各种办法防止死亡的发生就成为生存型生活的重要任务。

　　但无论人们怎样努力,就每个人的生命来说,死亡最终还是难以避免的。人终有一死。生命的这种有限性和死亡的必然性,使人们感到恐惧和空虚,同时又心存不甘,所以,希望保障生命存在最终却不得不失去生命存在,希望活下去但最终又不得不死,就成为人生面临的根本困境。怎样化解人们的这种生死困境,与死亡达成某种"和解",不再对死亡感到恐惧,不再对人生感到空虚和不甘,就成为人们生活的一种内在要求,成为生存型生活的题中应有之义。良好的生存型生活,需要不断加强自己的生命自觉,通过自己的生命觉悟和自觉行动,有效化解生死困境。

对于如何有效化解生死困境,人们做过很多探索。

第一,想方设法地延长肉体生命。

努力保障自身肉体生命的存在是人们生活的一种常态。自古以来,人们就尝试用各种各样的办法来实现生命的永存。而现代科学则试图通过生物和医学等方面的技术对身体器官进行修复、置换,对遗传基因和衰老机制进行干预等方法来延续人的生命。

通过科学技术实现人的生命长存的办法在未来到底会怎样,现在很难下定论,但在一个比较长的时期内恐怕还是难以实现的,所以这个方法很难解决现实中的生死困境问题。

第二,通过生儿育女实现自身生命的延续。

在现实生活中,人们常常把生儿育女、传宗接代看作自身生命的一种延续,看作超越自身生命有限性的重要途径,以缓解对自己生命有限性的遗憾,减轻对死亡的恐惧感。事实上,每个人都是一个独立的生命体,父母和孩子同样也是,所以,也无法解决生命有限性的问题。

第三,通过转变对生命存在的认识来化解生死困境。

这种办法具有一定的精神抚慰作用,可以在一定程度上实现对生死困境的化解,但对于很多人来说没有什么作用。

第四,通过调整面对死亡的心态而达成与死亡的和解。

不管你是谁,也不管你是否愿意,最终都难免一死,无论你甘心还是不甘心,怕死还是不怕死,最终的结果都是一样的,死亡都是要来的。你的种种不甘和恐惧对于最终都要到来的死亡是没有任何用处的。而既然认识到生死是一切生命体都必然要遵循的自然规律,那么对死亡感到恐惧是没有用处的,这样也就没有必要对死亡感到害怕了。面对不可避免的死亡,我们所应做的是在可能的范围内尽量争取活的时间长一些,活得健康一些。在活着的时候,慷慨地投入所有的感情去热爱生命,活得快乐一些,争取多做一些有意义、有价值的事情。如果你对此想通了,能坦然地面对了,不再对死亡感到恐惧和不甘了,所谓的生死困境自然也就化解了,不存在了。例如,古希腊哲学家伊壁鸠鲁就曾说道,只要你还能思考死亡问题,就说明你还活着,那就不必为死亡而操心,而一旦你死去了,也就不会感到死亡是个问题了。他的意思是说,无论如何,死亡都不会是人们的现实经验,似乎这样也就化解了人们的死亡困境。这种办法很机智、很现实,但人们往往很难完全想通透,仍然还是不时地会被生死困境所困扰。

第五,通过自己生命活动"产品"的继续存在和发挥作用而实现生命的延续和"不朽"。

古人曾说过:"太上有立德,其次有立功,其次有立言,虽久不废,此之谓不朽。"这就是从人的社会贡献和影响方面来看待生死困境问题。立德、立功、立言,一个人只要做到其中之一,就为人类做出了不可磨灭的贡献,他的贡献就有了长期存在的价值,从而也就可能实现其生命的"不朽",实现对肉体生命有限性的超越。

从这个意义上说,我们可以认为人拥有两个生命,一个是自然的肉体生命,另一个是功能生命。自然生命就是人们自然肉体的存活,是以人们的自然肉体为载体而存在的。功能生命是指人们肉体生命存活期间的各种"产品"或"作品"及其功能和作用,是以人们活动的"产品"或"作品"作为载体而存在的。人们的功能生命虽然是在其自然肉体生命存在阶段所创造的,但并不随着其自然肉体生命的消失而消失,而是还可以继续被后来的人们所需要,可以离开人的自然肉体生命而继续"存活",使得人的生命在其自然肉体生命结束后仍可以功能生命的形式继续存在,从而实现了对自然肉体生命有限性的超越。人们对于这种功能生命的认识和自觉追求,可以使自己产生一种对生命有限性的超越感和意义感,可以因此而避免人生的虚无感和荒诞感,实现对自身生死困境问题的化解。

所以,人应自觉地在自然生命存在期间创造更大的价值,努力创造出更有价值的"作品",尽可能地为这个世界留下一些有价值的东西,使其能够在自然肉体生命结束后的更长时间里继续发挥有益的作用,从而通过这种功能生命的延续乃至"不朽"实现对生命有限性的超越。

生活中,每个人应采用什么样的化解方法,当由每个人在生活中根据实际情况来确定。可以说,只要对自己适宜的就是好的。我个人认为,可综合运用上述若干种方法,例如,可以综合运用上述第四和第五种方法,先通过调整面对死亡的心态而达成与死亡的和解,然后通过对功能生命的认识和自觉追求,实现对肉体生命有限性的超越。

23

成长型生活

成长型生活的目的是满足人们的成长需要,实现人们的不断成长。在生存需要得到基本的和比较稳定的满足的基础上,人们的成长需要就会逐渐凸显出来,生活活动的重心也就会慢慢转向满足个人成长需要上来。

成长需要主要包括人格的完善和功能作用的发挥两个方面,所以成长型生活主要包括不断完善人们的人格和更好地发挥功能作用这两个方面的活动。这两个方面的活动是密切关联的,完善人格要借助人相应的功能作用的发挥,而功能作用的发挥又要依赖或依附于完善的人格。

一、人格的不断完善

所谓完善人格,就是要通过不断提高自我修养,将自己塑造成一个有理想人格的人。它不是指人们的自然生长变化过程,而是比自然生长更高的一种追求。例如,每个人都会随着时间的变化或年龄的增长而发生某些生理或心理方面的变化，都要经历一个从婴儿到少年再到青年、成年和老年的变化过程。在这个过程中，人们的生理和心理都会不断发生变化，身体会变化，认知能力也会变化等，但这种自然发生的变化过程并不是我们这里所说的"成长"。人们的成长需要指的不是那些随着年龄的变化而自然会发生的生长变化，而是指比自然的生长更高的一种追求，是要成为自己所期望的某种人。例如，人们从出生时的不会站立到能跑会跳，是人们身体生长的一个自然过程，是每个正常人都会有的身体素质变化，但人们的对于成长的追求则是要在此基础上，使自己跑和跳的素质得到进一步提升，成为一个跑得更快、跳得更高甚至是最快最高的人，当人们自觉地把追求跑得更快、跳得更高作为直接的目的性活动时，这种活动也就成为其实现成长的生活活动。再例如，按儒家文化传统，古人对理想人格的追求就是要成为"君子"和"圣人"。

二、功能作用的更好发挥

人们对于成长的追求不仅体现为对自身人格的不断完善，同时也体现为力求把自己的人格素质表现出来，把其功能作用发挥出来。中国传统文化强调要将个体的功能生命融入人类整体的生命活动之中，在人类整体的生命活动中发挥个体生命的功能作用，从而体现出个体人生的价值或意义。例如，儒家文化就提倡人们把修身、齐家、治国、平天下作为人生的追求，其中修身属于人格的完善的活动，而齐家、治国、平天下就属于发挥功能作用的活动。在修身的基础上，把齐家、治国、平天下作为直接目的的活动，就是发挥自身功能作用的成长类的生活活动。

与人格的完善的内容相对立，其功能作用的发挥主要体现在身体功能作用的发挥、才智功能作用的发挥、品德功能作用的发挥和情感功能作用的发挥四个方面。美国学者马丁·塞里格曼在《真实的幸福》一书中曾说过，美好的生活来自每一天都应用你的突出优势并将这些优势用于增加知识、力量和美德上。你可以选择以增加知识为中心的生活：学习、教书、教育你的孩子或从事科学、文学、新闻学等许多类似的行业；你可以选择以增加力量为中心的生活：通过技术、工程、建筑、医疗服务或制造业来达到这个目的；你还可以选择以增加美德为中心的生活：通过法律、宗教、道德、政治等途径，或通过当警察、救火队员以及从事慈善事业来达到你的目的。这体现了人们对于成长型生活的追求。

总之，成长型生活主要包括人们自身人格完善不断完善和功能作用的更好发挥两个方面的活动。这两个方面的成长活动是密切关联的，人格完善要通过一定的功能作用的发挥来体现，而功能作用的发挥又要依赖或依附于人格的完善。模仿儒家文化所提倡的"内圣外王"之道，我们可以把人们的这种成长型生活称为"内修外用"。"内修"即不断完善自己的人格，"外用"即更好地发挥、实现自己人格完善的功能作用。

（24）

成长的境界与理想人格

现实生活中，每个人都有对于某种理想人格的追求，按儒家文化传统，对理想人格的追求就是要成为"君子"和"圣人"。不同的人所追求的理想人格是不同的，而对不同理想人格的追求则体现出不同的成长境界。一个人的成长境界也就是他要追求一个什么样的理想人格，想成为一个什么样的人。所以，一个人成长的关键在于他的境界，在于他对自己所要追求的理想人格的觉悟程度。一个人成长为一个什么样的人，具有怎样的人格，发挥怎样的作用，关键在于他能达到什么样的成长境界。

对于人们的成长境界，可以从不同的角度来认识。下面我主要从人们如何认识和对待自身与他人关系的角度来谈一谈不同层次的成长境界及其相应的人格。

每个人既是一个个体性的存在，又是一个社会性的存在，人们的生活活动都是在一定的社会关系中进行的。所以，每个人在追求和满足自己需要的同时,又必然涉及怎样对待他人需要的问题。而对于应怎样对待满足自身需要与满足他人需要的关系问题,人们的认识是不同的,体现了人们不一样的成长境界。

根据每个人对满足自身需要与满足他人需要的关系的不同认识,可以把人们的成长境界划分为五种,不同的成长境界使人成为具有不同人格的人。

第一种境界是自私的境界。处于这种境界的人,只考虑自己需要的满足,根本不顾及他人需要的满足,甚至不惜通过妨碍他人需要的满足来满足自己的需要,不惜损人以利己。处于这种境界的人是一个自私的人,也可称之为"庸人"。

第二种境界是自我的境界。处于这种境界的人只考虑自己需要的满足,不关心他人需要的满足,并不去妨碍他人需要的满足,不会损人利己,不帮人也不害人。处于这种境界的人是一个自我的人,也可称之为"俗人"。

第三种境界是互利的境界。处于这种境界的人不仅考虑到自己需要的满足,同时会顾及他人需要的满足,会为他人需要的满足而做出自己的努力和贡献。但处于这种境界的人之所以顾及和关心他人需要的满足,是为了更好地满足自己的需要,他认识到利人才能利己,把顾及他人需要的满足看作满足自己需要的必要条件,利人的目的是利己。处于这种境界的人是一个互利的人,也可称之为"常人"。

第四种境界是道德的境界。处于这种境界的人不仅考虑

到自己需要的满足,同时也关心和顾及他人需要的满足,而且
会把满足别人的需要作为自己的一种责任、一种担当,甚至会
为了满足他人的需要而牺牲自己的需要。他们帮助别人,满足
别人,不是为了获得某种回报,而是出于一种怜悯心、同情心和
责任感,把利他看作自己的一种责任。处于这种境界的人是一
个重道德的人,也可称之为"贤人"。

第五种境界是崇高的境界。处于这种境界的人不仅考虑
自己的需要,还会努力去满足他人的需要,而且将满足他人的
需要作为自己的一种需要。他去帮助别人、满足别人,不是为
了其他什么目的,不是要得到某种回报,也不是出于某种怜悯
心或责任感,他就是愿意这样做,就是想这样做。利他是其发
自内心的一种需要。处于这种境界的人就是一个崇高的人,也
可称之为"高人"。

总之,从如何认识和对待自身与他人关系的角度来看,可
把人们的成长境界划分为自私、自我、互利、道德和崇高五种类
型或层次,相应地,人们的人格也就可以区分为庸人、俗人、常
人、贤人和高人五种类型或层次。一个人要不断成长,关键是
要不断提高自己的成长境界,使自己脱离自私、自我,走向互
利,进而走向道德和崇高,不做庸人、俗人,而成长为常人,进而
成为贤人和高人。

而一个人要成长为贤人、高人,并不一定要做出什么惊天
动地的大事,而是要达到一种境界、一种思想高度、一定的觉
悟,这种境界是每个人可以通过提高自己的修养而达到的。在

王阳明看来,只要是人,心中皆有良知,这是永远不灭的光明,是每个人与生俱来的东西,只要在事情上都"致良知",顺应良知,那么任何人都可以成为一个贤人、一个高人或圣人。

所以,每个人在追求成长的过程中都应该认真反思一下,自己的成长境界和追求的理想人格属于哪个类型、哪个层次,顺应自己的良知,想一想,应该追求什么样的成长境界和理想人格。毕竟,人生只有一次,去而无返。

25

快乐型生活

　　快乐型生活是人们生活的另一个重要组成部分,其主要目的是要满足人们的快乐需要,使人们在生活中感到开心快乐。

　　感受快乐是人的一种基本需要。一个人在满足其成长需要的过程中,或者在其成长需要得到一定程度的满足之后,感受或体验快乐的需要就会渐渐凸显出来,并慢慢成为自己的优势需要,人们就会越来越致力于自由地选择自己所喜欢的生活,从而在生活中获得快乐。如果说成长需要主要体现了人们提升自己的外在的要求的话,快乐需要则主要体现了人们内在的感受快乐的要求。把满足快乐的需要作为直接目的的活动就是快乐型生活。

　　人们的内在感受包括诸多方面的内容,例如喜欢、高兴、有趣、舒适、自豪、幸福、快乐,这里我们是用快乐来指代或涵盖人们内在感受的诸多内容。就是说,我们这里所说的快乐是对人们诸多方面内在感受的一个统称或总称。当然,如果你愿意的话,也可以用其他概念来代替,例如用幸福、喜欢或舒适,但我觉得还是用快乐更好一些,因为这诸多内在感受的一个共同特征就是要快乐。

　　每当逢年过节,亲朋好友之间都会互相祝福问候,其中快乐大概是使用最多的祝福词之一,如春节快乐、元宵节快乐、劳动节快乐、中秋节快乐、国庆节快乐、快乐每一天。友人间进行书信交流,后面也往往会写上健康快乐的祝福语,即使现在各种生动的微信表情,其中表达快乐祝福的也占了非常大的比例,可见人们对于快乐感受之重视。

　　我们可以把人们感受快乐的活动区分为两种类型:第一类是为了快乐本身而进行活动,感受快乐直接就是活动的目的;第二类是为了其他目标而进行活动,而这种目标的实现给人带来了快乐的感受。第一类直接以感受快乐作为直接目的的活动就是我们所说的快乐型生活,而第二类活动虽然也可能带给人们某种快乐的感受,但这种快乐感受并不是活动的直接目的,而只是活动的一种副产品,这种活动就不属于我们所说的快乐型生活。

　　快乐型生活作为人们的一种内在感受型的生活,其直接目的就是让自己感受内在的快乐。感受快乐型生活的关键在于直接把追求快乐作为活动的目的,感受快乐就是活动的目的,而不是一种活动的额外奖励或副产品。例如,甲和乙两个人都经常去钓鱼。其中,甲去钓鱼是因为他非常喜欢钓鱼这项活动,钓鱼的主要目的是享受钓鱼的活动过程,感受钓鱼过程的快乐。因而,对于甲来说,钓鱼就是他的一种生活活动,一种感受快乐型的生活活动。而乙同样也是去钓鱼,但他去钓鱼的直接目的是用钓的鱼卖钱以补贴家庭开支。虽然钓鱼的过程也可能给他带来些许快乐,但那只是他钓鱼活动的副产品,所以,他的钓鱼活动就不属于快乐型的生活活动。再如,一位医生给病人看病,当他为病人治好了病并目送病人离开医院的时候,会有一种快乐的感受,但这位医生给病人看病的活动并不属于快乐型的生活活动,因为他并不是以感受快乐为目的才给病人看病的。快乐只是在给病人治好病后所产生的一种副产品。

快乐型生活是人们生活的一种基本需要,正像亚里士多德所说的那样,人们有充足的理由以快乐为目标,因为它使生活圆满,而圆满的生活是令人想要的。在人们的生存需要得到基本的和比较稳定的保障的基础上,对于能够自由选择自己所喜欢的生活并能从中得到快乐的内在感受性需要也会逐渐突出,人们的生活也就会越来越多地体现为对于快乐的追求上。例如,人们进行娱乐游戏、旅游观光、看电影和听音乐,与朋友聚餐交流,含饴弄孙、享受天伦,在家静静地读书写作等,好多类似的活动都可能属于一种追求内在快乐感受的生活活动。此类活动的直接目的就是感受或体验一种快乐。

不过,虽然快乐型生活是人们生活的重要内容,但不能把这种对快乐生活的追求绝对化。有一种快乐主义者就是把人们对快乐生活的追求绝对化,在他们看来,快乐是人们生活的唯一追求,其他一切都不过是获取快乐的手段而已。古希腊哲学家伊壁鸠鲁是历史上最著名的快乐主义者,他主张好的生活就是对快乐的爱,我们至今仍把那些终生只是追求快乐的人称为伊壁鸠鲁主义者,西方功利主义哲学也主张类似的观点。现在有一些家长经常说的一句话是,孩子将来做什么不要紧,只要他感到快乐就行。这也属于快乐主义的一种通俗表达。

所以,这里我们必须区分关于快乐的两个观点:第一个观点是,快乐型生活是人们重要的生活需要,是美好生活追求的一个重要方面;第二个观点是,快乐是人们生活追求的唯一目的,是唯一的好的生活。对于第一个观点,多数人都会同意。但对于第二种观点,很多人不能接受。因为除了快乐之外,还有很多其他方面的生活也都是人们所需要的。快乐型生活是人们生活的重要组成部分,它可以使生活更加圆满,但不是生活的唯一目的。

26

追求快乐与克服痛苦

快乐是人们的一种基本需要,追求快乐是生活的重要内容。同时,人们在生活中又难免会遭遇种种痛苦,所以,人们在追求快乐的同时还要面对痛苦并善于克服痛苦。

一、追求快乐是人们生活的重要内容

快乐是用来描绘人们主观内在感受的一个词语,是人们对自己生活状况的一种主观感受或主观体验。当一个人有了某种生活需要,就会想方设法去满足,一旦得到满足,就可能因此而感到舒适、高兴、愉悦,即产生一种满足感。这种对生活需要的满足感,就是快乐。所以,对于快乐可以从生活需要、满足和满足感这三个方面来把握。

第一,快乐是相对于一定的生活需要而言的。快乐的起点是生活需要,没有一定的生活需要当然就不会产生因这种生活需要的满足而产生的相应的满足感,也就不会有什么快乐可言。例如,对于一个喜欢音乐又正有听音乐需要的人来说,听到了美妙的音乐,会感到由衷的满足,快乐感就会油然而生。而对于一个需要安静休息、根本就不需要或不想听音乐的人来说,音乐可能会影响他休息,使其感到烦躁,也就不会产生什么满足感或快乐了。

第二,快乐产生的根据在于生活需要的满足。快乐是相对于一定的生活需要而言的,同时快乐还需要人们拥有和依靠相应的生活条件使生活需要得到满足,没有这种对于生活需要的真正满足,就不会有真正的满足感或快乐。例如,一个人有听音乐的需要,就必须具有拥有相应的音乐这个条件,进而运用这个条件使自己听音乐的需要得到满足,在此基础上才有可能产生一种满足感或快乐感。如果没有相应的音乐,他听音乐的需要没能得到满足,也就不会产生听音乐的满足感或快乐感了。

第三,快乐是因生活需要得以满足而产生的满足感。生活条件能满足生活的需要是快乐产生的根据,但这种生活需要的满足本身还不是快乐。生活需要的满足是人们生活的一种客观状态,而快乐则指的是人们对于这种客观生活状态的一种主观的体验或感受,是由于生活需要得以满足而产生的一种主观心理状态。例如,一个人一直想出版一部著作,经过努力,他的作品终于正式出版了。著作的出版这件事使他产生了很大的满足感,也就是感到很快乐。这里的快乐,不是指出版著作这件事本身,而是指这件事给他带来的满足、快乐的感受。人们运用相应的生活条件满足了自己一定的生活需要,但如果没有因此而产生满足感,也就没有快乐可言。也就是说,现实的生活状况如果不能转化为内在的体验或感受,没有产生相应的满足感,还不能称其为快乐。例如,有的人总是将注意力集中在对未来生活的追求上,而忽视对现有的生活状况的感受或体验,也有的人太注重与别人生活的攀比,而忽视对自己所拥有的生活的感受,这些都会使其陷入对自己现有生活缺少满足感或快乐感的状态。所以要获得对于生活的满足感,就必须具有对自身现有生活的感受能力或体验能力,如果不具备相应的生活感受能力,即使身处某种生活状态之中,也可能根本不能产生相应的满足感和快乐感。当然,人们也可能会产生于对生活的某种虚幻的感受或者说幻觉。例如,有的人过高估计自己的文学或艺术成就,把自己看作世界上了不起的文学家或艺术家,有的精神病患者甚至认为自己是整个世界的统治者,从而产生很高的满足感或快乐感,但这种快乐感只是一种虚幻的感受,不是真正的快乐。

总之,快乐指的是人们的一种主观感受,是人们在自身生活需要得到满足后所产生的一种满足感。快乐型生活就是人们自觉满足快乐需要,自觉追求快乐和体验快乐的生活活动。

二、追求快乐时要正确面对痛苦并善于克服痛苦

痛苦与快乐是相对的,对于痛苦我们可以从正、反两个方面来认识。

从正面看,如果说快乐指的是人们对于自身生活需要得到

满足后所产生的一种满足感的话,那么痛苦正好与之相反。痛苦就是人们对于生活需要不能得到满足而产生的一种被伤害感。当人们有了某种生活需要,但由于种种原因而又不能得到满足时,就会感到难过、悲伤,产生一种被伤害感。这种被伤害感就是痛苦。我们可以从三个方面来理解:第一,一个人具有某种生活需要并且想要得到满足;第二,由于种种原因不能得到满足;第三,由此而产生了某种被伤害感,即痛苦。

从反的方面看,人们不需要或不想要的东西,却由于种种原因发生了、出现了,给人们的身心带来种种伤害,使人们产生痛苦的感受,例如生病、受伤或遭到了种种天灾人祸的打击。我们对这种痛苦同样也可从三个方面来认识:第一,人们不需要、不想要某种东西,因为这种东西的出现会给生活产生危害;第二,由于种种原因,这种不想要的东西出现了;第三,这种东西的出现给人们带来了伤害,使人们产生了痛苦的感受。

从根本上来说,痛苦来自人们的生活需要与满足需要的能力或条件之间的不相称、不匹配。尽管每个人都希望自己能事事如愿,但并不现实。人们永远不可能使自己的所有生活需要都得到满足,总会有一些需要不能得到满足,总有与一些不需要、不想要的事情不期而遇。这种需要与满足需要的能力之间的不相称、不匹配问题,不论对于个体还是整个人类来说,都是不可能完全解决或消除的。所以,同快乐一样,痛苦也是人们生活过程中的一种常态,生活就是一个要不断面对痛苦和克服痛苦的过程。

　　可见，人们的生活既是一个自觉追求快乐、感受快乐的过程，也是一个要不断面对痛苦和克服痛苦的过程，是一个追求快乐与克服痛苦相互交织的过程。追求快乐就要克服痛苦，而克服痛苦的过程同时也就是获得快乐的过程。

　　由于痛苦来自人们的需要与满足需要的能力条件之间的不相称、不匹配，所以，克服痛苦、摆脱痛苦的关键，在于在满足需要的期望与满足需要的能力条件之间找到或实现一种动态的平衡，使得满足需要的期望与满足需要的能力条件之间相匹配。对此，可通过两个方面的努力来实现。

　　一方面是积极进取，努力改变现状，通过积极提高自身的能力和创造更好的条件来实现期望。要根据自己的需要，努力提高个人能力，创造相应的条件，从而使自己的需要不断得到更好的满足。

　　另一方面是自觉调整对生活需要满足的期望，适当克制自己的欲望。人们的各种期望必须根据现实条件适当调整，使期望与自己的能力条件相匹配，不能不顾实际一味地追求超出能力范围的事情。

27

意义型生活

所谓意义型生活,就是人们在对自己存在的意义有清楚认识的基础上,对生命意义的自觉追寻和创造活动。意义型生活是人们生活的一个重要组成部分。

意义的需要是人们生活需要的一个重要方面,人不能忍受无意义的生活,追寻生命的意义,过上有意义的生活或者说使生活过得有意义,是人的内在要求。所谓意义需要,就是要认识生命的意义之所在,自觉追寻和创造生命的意义,从而具有一种生命的意义感。如果一个人不能使自己的意义需要得到满足,不清楚自己生命存在的意义,就会在现实生活中找不到方向,感到空虚无聊。意义型生活就是人们为了满足自己的意义需要而开展的自觉追寻和创造意义的生活活动。

一、意义型生活首先是一种对生命意义的自觉认识活动

意义型生活作为一种自觉追寻和创造意义的生活活动,首

先指人要对自己生命存在的意义有清楚的认识,明确自己所要
追寻和创造的意义是什么,实际上也就是要为自己找到或确立
一个明确的生活目的,以引导自己从事各种相应的活动,支撑
着自己在生活中不断前进。这种生活的目的就是人们所追求
的生命意义之所在。

　　人们所确立、所追求的这种生活目的,应该是生活的方向,
而不是具体的目标。人们在生活中要做各种各样的事情,这些
事情都各有意义。例如,一个人下午要去给汽车加油以备晚上
可以开车去参加一个聚会;一个大学毕业生正在认真准备各种
资料以便几天后去参加一个企业的招聘会;一位父亲正要盖一
座房子以给已成年的儿子结婚用。这些具体、琐碎的事情,虽
然各有其意义,但不能作为意义型生活所要追寻的意义。意义
型生活所追寻的意义必须是能够贯穿整个生活的总目的,而不
是某个具体的目标。生活中的一个个具体的目标在逻辑上总
有一个结局,总是会体现为一个个可以完成的指标,而作为生
命意义的目的则是呈现在各个具体目标之中的一个方向性的
东西,是在生活中不断实现而又永远不能最终完全实现的价值
追求。好比你要向东方行进,无论你已经走了多远,总还能继
续向东。一个目标是人们想要的具体结果,是能够达到和完成
的。一旦完成就结束了,好比是东行路上要攀爬的高山和要越
过的大河,一旦你越过它们,就是完成时了。所以,以自觉追寻
和创造意义为导向的生活,以这样的方向性引导人们从事各种
活动,使得人们对意义的追寻体现在整个生活过程中,在整个

生活过程中都能感受到自己生命的意义,并使之具有一种意义的连续性,而不只是某个过程结束时达到的具体结果。例如,一些科学家会认为自己生命的意义在于探索未知世界、增加人类的知识,一些医学家把为人类解除病患作为自己的生命意义,也有一些人把好好培养子女作为自己的生命意义,而德国诗人歌德则把自己生命的意义描述为创作诗歌以使德国人获得一种文化身份。当然,要想过一种以意义为导向的生活,我们需要设定一个个具体的生活目标。这是开展意义型生活的必经之途,但对目标的设定要在意义的指导下进行。

这种生活的方向性目的必须是一种具有客观价值的目的。一个人找到了自己生活的方向性目的,并以这个目的来统摄和指导自己的生活,他就会因此而觉得自己的意义需要得到了满足,就会具有一种生活的意义感,但这并不是说他的生活真的就是一种有意义的生活。一个人不能仅凭自己的主观认定而让生活具有意义,而应该以客观上是否真的有价值、有意义为标准,不是什么样的目的都可以作为人们的意义追求。

二、意义型生活是一种对生命意义的自觉追寻活动

当然,人们从事各种生活活动,即使没有一个对意义的清醒认识,并不是自觉地以对生命意义的追寻为导向而进行的,也还是会在客观上产生某些作用或具有某种意义的,但这样的活动并不属于意义型的生活活动。每个人的活动客观上都会产生某种作用或影响,都会具有某种意义。从这个方面来说,人们的一切活动都在创造着某种意义,有什么活动就有什么意

义,但并不是一切活动都属于意义型生活。因为人们的许多活动虽然客观上起到了某种作用,产生了某种意义,但行动者本人并没有认识到这种活动的意义,不是行动者所自觉追求的意义,并不会因此而具有一种意义感,这样的活动就不属于意义型生活活动。

所以,一种活动客观上产生了某种作用或意义,与人们自觉地以追寻意义为导向而开展的活动是不同的。意义型生活指的是那些在对自己生命存在的意义有了清醒认识的基础上,自觉追寻生命意义的活动。

三、意义型生活是一种对生命意义的自觉创造活动

意义型生活对生命意义的自觉认识和追寻,不只是一种认识活动或寻找活动,更是一种自觉的创造性活动。生命的意义不是某种先天预定的、只是等着人们去发现和寻找的东西,而是需要人们通过自己的生命活动去创造的东西。一个人的生命意义只有通过他的种种创造性活动才能得以体现或实现。所以,每个人都要为自己生命的意义负责。

28

生命的意义在于感受和创造美好

人的生命存在到底有没有意义？如果有，生命存在的意义究竟是什么？这是每个人一生中都会不时追问的问题。在我看来，答案应该是清楚的，这就是：人的生命存在肯定是有意义的，生命存在的意义就在于可以通过各种生命活动感受美好和创造美好。

一、每个人都愿意活下去的事实就已经证明生命存在是有意义的

每个人都希望自己的生命能够存在下去，愿意活下去。只要有可能，世界上恐怕没有人不愿意继续活下去，这是一个毋庸置疑的客观事实。而人们都愿意活下去这样一个事实，就已经证明生命存在肯定是有意义的。如果说生命存在没有任何意义，就很难解释人们为什么会愿意活下去，为什么会千方百计地保障自己生命的存在。

也就是说,既然人们都希望自己的生命能够继续存在下去,愿意继续活下去,就说明生命一定有着让其愿意活下去的理由或价值,人们一定是感到生命是值得活下去的,而这种使人愿意活下去,感到值得活下去的理由或价值就是人们生命存在的意义之所在。所以说,每个人都愿意活下去的事实就已经证明生命存在肯定是有价值、有意义的。

二、生命存在的意义在于人们可以通过生命活动去感受、体验和创造种种美好事物

生命的意义就存在于人们的各种生命活动之中,在于人们可以通过各种生命活动去感受、体验和创造种种美好的事物。正是因为可以通过种种生命活动来感受、体验世界的美好和为世界创造新的美好,这成为人们愿意活下去的理由或价值,使人们感到生命存在的价值和意义,赋予人们生命的意义感。

（一）生命存在的意义在于人们可以通过生命活动感受、体验世界之美好

想一想,我们有幸生而为人,每天都能够通过各种活动感受到大千世界之美妙,白天日出日落,夜晚星空作伴,小河流水,蝉鸣鸟唱;能够体验到人世间的种种美好,感受着爱情之甜蜜、亲情之温暖、友情之宝贵,感受着人类文明的不断进步和丰富多彩,绿油油的麦浪,飘香的果园,疾驰的高速列车,遨游太空的航天器,一部小小的智能手机在手便可同步阅读整个世界……这是多么有意义啊,怎么还会认为生命没有意义呢?

可以说,能够通过自己的生命活动尽情感受、体验世界的种种美好,这是人们愿意活下去、感到值得活下去的一个重要原因或理由,是生命存在意义的一个重要体现。

(二)生命存在的意义在于人们可以通过生命活动为世界创造出许多新的美好事物,给世界带来种种美好的变化

人们通过自己的生命活动不仅可以尽情感受、体验世界之美好,而且能为世界创造出许多新的美好事物,为这美好的世界增砖添瓦、增光添彩,给世界带来种种美好的变化。

例如,一个母亲含辛茹苦地抚养孩子,使其由嗷嗷待哺到长大成人;一个教师殚精竭虑地培养学生,使其从懵懂无知变成对社会有用的人才;有的人通过自己的辛勤劳动把沙漠变成绿洲,把荒山变成森林;有的人用自己的双手盖起一栋栋高楼,建起一座座电站;还有人培育新的粮食品种,创造出新的生产生活工具,发明出新的技术,提出了新的科学理论,创作出新的文学艺术作品。看到世界因自己的活动增添了许多新的美好事物,许多人和事因自己的活动而发生了种种美好的变化,人们的生命意义感就会油然而生。

所以,因为自己的生命存在和生命活动给世界带来新的变化,为这美好的世界增添了新的因素,为人类文明的进步奉献出自己成果,在人类文明进程中留下自己创造性的脚印,同样是人们生命存在之意义的重要体现。

可见,生命的意义是通过人们的种种活动体现或创造出来的,一个人的生命意义如何,取决于他的种种生命活动。有什

么样的生命活动就有什么样的生命意义。也就是说，生命是有意义的，但生命的意义并不是先天预定的，并不是一个现成的、等着人们去发现的东西，而是要人们通过自己的生命活动去体验、去创造。所以，每个人都要为自己生命的意义负责，都需要通过自己的生命活动来体验和创造自己的生命意义。

（三）通过创造性活动可以使生命产生一种超越性的意义

有人会说，我并不否认每个人的生命存在是宝贵的，是值得珍惜的，是有意义的，应该好好享受生命存在的过程，努力通过自己的活动来感受和创造各种美好的事物，但问题是，每个人的生命是有限的，不论人们怎样努力地保障自己的生命存在，终究难免一死。人死万事空，人死了，其各种生命活动也就结束了，生命的意义也就随之而消失了。所以，从这种终极意义上来说，生命是没有什么意义的。正是基于这种对于生命有限性的考量，使得许多人对生命存在的意义做出了否定性的回答。

如果一个人仅仅把视野局限于个体的生命存在，局限于个体的活动范围，那么随着个人生命及其活动的结束，生命存在的意义似乎也就消失了，因而就容易产生一种生命的无意义感。

而如果我们把生命存在的视野放大，把自己的生命存在与他人的生命存在连接起来，与更大范围内人们的生命存在联系起来，把自己的生命存在看作更大范围内生命存在的一个有机组成部分，就会形成对生命存在的意义的新认识，对于超越个体生命有限性的意义感就会油然而生。

把个人的生命存在放到更大的生活范围中来认识，也就是要从家庭、家族、民族或整个人类的发展链条中来把握每个人的生命存在。例如，从家族的角度出发，每个人都是家族系统传承的一个环节，把自己作为家族的一个有机组成部分，将自己的生命存在融入家族繁衍的系统当中，敬祖尽孝，生儿育女，个人生命存在的意义就在这种家族的传承延续中得到了体现。再如，一个人如果将自己的生命存在与整个人类的存在历程联系起来，使自己成为这个历程的一分子，并努力通过自己的种种活动为人类的进步贡献力量，那么在这种融入人类生命存在并为人类进步而努力的过程中，每个人的生命意义也就得以体现和延续，其生命存在的意义就可以超越个体生命的有限性而继续存在。个人的肉体生命虽然消失了，但其在生命存在期间的各种生命活动，所创造的各种美好事物的功能作用并没有随之而消失，仍会继续存在下去，继续发挥种种作用，从而继续体现着其生命存在的价值或意义。有限的个体生命也就可以在无限的人类生命存在中体现出超越性，就像一股泉水流入了大海一样，与大海融为一体，在大海中实现了其永恒的存在。这种对于生命有限性的超越感，使得人生具有了一种超越个体自然肉体生命有限性的意义，可以因此而避免人生的虚无感和荒诞感。

总之，一个人生命存在的意义，就在于他可以通过自己的种种生命活动感受世界之美好和为世界创造新的美好。感受世界之美好,包括感受大自然的种种美好和感受由他人、前人所创造的美好。为世界创造新的美好,既可以使自己从中感受和体验世界之美好,也能够使他人、后人从中感受和体验到世界之美好。

感受世界之美好主要是从人们对世界的感受或体验来看生命的意义,为世界创造新的美好主要是从人们对世界的作用或贡献来看生命的意义。而不论是对世界的感受还是贡献,生命的意义就存在于人们的生命活动中,是通过人们的种种活动体现或创造出来的,有什么样的生命活动就有什么样的生命意义,所以,每个人都要为自己的生命意义负责。

人们的生命活动和通过生命活动对于美好事物的感受和创造具有无限的可能性,可以给人以无限的遐想和希望。这就是生命的魅力之所在,是生命存在的意义之所在。

29

生命的意义突出体现为被需要

　　上文谈到,一个人生命存在的意义,在于他可以通过生命活动去感受和创造种种美好事物。那么,什么是人们所要去感受和创造的美好事物呢？对于不同的人来说,答案肯定是不同的,但也会有一个共同点,那就是美好的事物都是人们生命本性需要的事物。好是与需要相对而言的,符合需要的就是好的,好的事物就是符合人们本性需要的事物,就是能够满足人们需要的事物。所以,我们说生命的意义在于感受和创造美好事物,也就是感受和创造符合人生命本性需要的事物,感受和创造能够满足本性需要的事物。

　　而人们的需要是多种多样的,其中被需要及对被需要的满足是生命意义最为突出的体现。

　　人和动物的需要有一个很大的不同,当动物的自我需要得到满足时,它们就知足了;人则不然,不仅要求自我需要的满足,还要求能够满足别人的需要,要求自己成为被需要者,也就是说,人还需要被需要。"被需要"的需要,不仅是要使自我需要得到满足,而且也要使别人的需要得到满足。准确地说,是要通过对别人需要的满足而使自己得到满足。这是人们生命意义的重要体现。

人总是在不同程度上被别人需要的。例如,家人宴饮盼你在场,朋友出游想你同行,别人心里有苦闷想对你诉说。满足这种被需要是生命的意义之所在,也是人生的责任之所在。当一个人越来越多地被别人所需要,越来越多地能够满足别人的需要时,就会产生一种自身存在的自豪感、成就感和意义感。人是那么需要被需要,一些人努力追求金钱、名望、权力,很大程度上也是因为他想因此感到自己的价值。有人曾经说过,子女对于年老的父母尽孝,就要让父母为你或为他人做一些力所能及的事情,从而让父母感到他们的被需要,感到他们生命存在的价值和意义。如果让老人们无事可做,就会让他们感到自己不再被需要,就会产生一种被抛弃的感觉,感到自己是一个没有用处的人。

生命的意义突出体现在一个人在多大程度上被别人所需要,或者说能在多大程度满足别人的需要,所谓别人的需要包括亲人的需要、朋友的需要、邻居的需要等,也包括所在的群体的需要、民族的需要、人类的需要等。一个人被需要和对被需要的满足程度越高,其生命意义就越大;满足的人越多,其意义越大;满足的时间越长,其意义越大。

所以,被需要是人们生命意义的重要体现。在人生过程中,一个人要认识到自己的意义和责任,并不断提高自己被需要的程度,从而不断提升自己的价值或意义。

30

努力实现功能生命的延续

人们生命存在的意义突出体现在被需要上，体现在多大程度上被他人所需要，能在多大程度上满足这种被需要上。这种被需要表现为直接被需要和间接被需要两种方式。直接被需要指的是人们的活动直接被他人所需要，可以直接满足他人的需要。但大量的被需要是一种间接性被需要，就是人们通过种种活动所形成的"产品"或"作品"（例如修路架桥、创造发明、著书立说、道德人格）而被需要。

人们这种通过其活动"产品"的间接被需要就构成了不同于其自然的肉体生命的另一种生命存在形式，即功能生命。自然生命就是人们自然肉体的存活，是以人们的自然肉体为载体而存在的。功能生命是指人们自然肉体生命存在期间所做事情的各种"产品"或"作品"的功能作用的"存活"，是以人们活动的"产品"或"作品"作为载体而存在的。就是说，人们在自然肉体生命存活期间所做事情的各种"产品"或"作品"构成了一个不同于自然肉体生命的另一个生命体，即功能生命体。这种功能生命体既是不同于自然肉体生命的另一种生命存在形式，也是自然肉体生命的一种延续或继承，是自然肉体生命功能作用的体现。

人们的自然肉体生命是有限的，其持续性基本上是比较确定的。人的寿命一般是七八十岁，上寿也就是一百多岁。死亡是人的自然肉体生命的必然归宿，意味着自然肉体生命的结束。

而人们的功能生命虽然是在自然肉体生命存在阶段所创造的，但并不随着自然肉体生命的消失而消失，而是可以继续被后来的人们所需要，可以离开人的自然肉体生命而继续"存活"，使得人的生命在其自然肉体生命结束后以功能生命的形式继续存在着，从而实现了人们对自然肉体生命有限性的超越。人们对于这种功能生命的认识和自觉追求，可以使自己产生一种对生命有限性的超越感，所以，功能生命是人们生活意义的重要体现。人们追寻和创造生活的意义的一个重要方面，就是要不断提高自己功能生命的"生命力"，努力实现功能生命的延续。

人的功能生命的长短大小是不确定的，差别会非常大，有的人随着其自然肉体生命的结束，其功能生命或许也就基本结束了；而有的人自然肉体生命虽然结束了，其功能生命可能会继续存在相当长的时间，发挥其功能作用，被后来的人们所需要，满足着人们的种种生活需要，对人类和世界产生影响，有的甚至可以是无限的、不朽的。人们功能生命的生命力的这种强

弱不同,取决于其被需要及其对被需要的满足程度。例如,我
国文学家曹雪芹,其自然生命早已结束,但他所写的文学巨著
《红楼梦》至今仍是我们的精神大餐,被一代又一代的人所喜
爱,对一代又一代人的精神生活继续发挥着重要的作用。

　　自然肉体生命的健康长寿是人的共同追求,每个人当然都
会努力追求活的时间长一些,但无论怎样努力,自然生命的结
束还是不可避免的。所以,人们在追求健康长寿的同时,更要
重视自己的功能生命,努力提高自己功能生命的"生命力",使
自己在自然生命存在期间所做的事情、所创造的"产品"具有
更大的价值,能够在自然肉体生命结束后的更长时间里继续发
挥功能作用,继续被人们所需要。

　　古人有云:"太上有立德,其次有立功,其次有立言,虽久
不废,此之谓不朽。"这就是从人的社会贡献和影响来讲人的
生活的价值和意义,不朽在于有不可磨灭的贡献。"德"指的
是个人人格的价值,"立德"就是要树立一个高尚的道德人格。
大家敬重他,觉得他是一个楷模,以他为标准,当时的人敬爱
他,千百年后的人仍会崇拜他,这便是"德"的不朽。"功"便
是事业,"立功"是一个人所做的事业对社会有贡献,会长期被
人们所需要,人们会永远记着他,这便是"立功"的不朽。"言"
便是言论和著作,"立言"是一个人的言论和写的著作对人类
有很大、很长远的影响,这便是"立言"的不朽。"立德""立功"
"立言",一个人只要做到其中之一,就是对社会做出了不可磨
灭的贡献,从而也就体现出了他的人生价值和意义了。

此外，胡适曾经提出过"社会不朽论"。其大旨是：每个人都是一个"小我"，这个"小我"不是独立存在的，是和其他无数的"小我"有着直接或间接的交互关系的。种种过去的"小我"、现在的"小我"和将来无穷的"小我"组成了一个"大我"。"小我"是会死亡的，"大我"是永远不死、永远不朽的。"小我"虽然会死亡，但是每个"小我"的一切作为、一切功德罪恶、一切语言行事，无论大小、无论是非、无论善恶，都永远留存在"大我"之中。这个"大我"是永远不朽的，故一切"小我"的事业、人格、一举一动、一言一笑、一个念头、一场功劳、一桩罪过也都永远不朽。每个人的人生价值、人生意义就留存或体现在这个"大我"之中。这便是社会的不朽，"大我"的不朽。

按照胡适的这种"社会不朽论"，每个人的言语行为，无论大小好坏，不论是正能量还是负能量，都会在"大我"中留下影响，都会与这永远不朽的"大我"一同不朽。也就是说，从功能生命的角度看，社会上的每个人都是不朽的。

胡适的"社会不朽论"虽然回答了普通人的人生价值和不朽问题，但又引出了另外的问题，即个人功能生命的性质和大小问题。虽然每个人的一切言语行为，都会在"大我"中留下一些影响，但这种影响是不同的，有好的影响，有坏的影响，有的影响大，有的影响小，有的影响持续时间长，而有的影响持续时间短。所以，个人这个"小我"的功能生命对于社会这个"大我"的功能作用还有一个好坏、大小的问题，还需要对功能生命本身进行进一步的分析。

首先，人们的功能生命是有差别的，性质上有好坏之分，区分的根本标准就在于人的功能生命是否具有宜生性,是否有利于人们需要的满足。宜生的就是好的、健康的,否则就是不好的、不健康的。人的功能生命的价值就在于其宜生性,在于被需要,在于能使人们的需要得到一定的满足。

其次,人们的功能生命在作用上有大小之别,区分的标准就是人的功能生命的宜生度。宜生度高的,作用就大;宜生度低的,作用就小。看一个人功能生命作用的大小就是看一个人的生命活动"产品"能在多大程度上满足人们的生活需要。所谓宜生度包括满足人的生活需要的程度的高低、满足人群的多少和满足时间的长短等。满足的程度越深,其意义就越大;满足的人群越多,其意义越大;满足的时间越长,其意义越大。

所以,人们对生命意义的追寻和创造的一个重要方面,就是要用宜生作为管理自己自然生命和功能生命的根本原则,既要用宜生原则来管理好自己的自然肉体生命,不断提高自己自然肉体生命的生命力,使自己的自然肉体生命能够健康长寿。还要用宜生原则管理好自己的功能生命,不断提高自己功能生命的生命力,努力实现自己功能生命的延续。我们要保持功能生命的宜生性,使其符合人们的生活需要,有利于人们生活需要的满足;要提高功能生命的宜生度,使其能够在更大的范围、更深的程度和更长的时间上被人们所需要,满足人们的生活需要。

31

让宜生成为自觉的生活行为

　　生活是人们运用一定的生活条件来满足其生命存在需要的目的性活动。我把生活活动这种对于生命存在需要的满足或实现称为宜生。所以,生活本质上是一个宜生的活动过程,宜生是人们生活的根本法则。

　　在实际生活中,每个人都要不同程度地按照宜生法则而生活,完全不顾宜生法则是没法生活下去的。但是,人们并不一定都能从思想上真正认同这一法则,不一定都能够自觉地按照宜生法则而生活,有自发和自觉的差异。

　　处于自发生活状态的人们,虽然在实际生活过程中也都或多或少地遵循宜生法则,在其一些具体的生活活动上也可能是自觉的,但并没有在思想上对宜生法则有一个清楚的认识,或者根本就不知道有这样一个法则的存在。他们对宜生法则的遵循总体上来自一种自发的行为,处于一种盲目的生活状态。这种自发的盲目的生活状态,没有一个可以统摄、协调各种具体生活活动的总的遵循原则,没有一个统一的生活方向,其生活状态往往不是放任自流就是随波逐流,很容易造成各种具体生活活动之间的冲突,造成生活活动与宜生法则的背离。

冯友兰先生曾经讲过一个逻辑学与人的思想的关系的例子,可以用来对宜生法则与人的生活的关系进行一些说明。冯友兰说,思想的逻辑规律不是由人规定后硬加给思想者的,而是一种本然的规律。在未有人讲逻辑学之前,人的正确思想本来都要依照逻辑的规律展开。但人们要完全依照逻辑规律进行思想是很不容易的,要做到这一点,需要在思想上认识到这些逻辑规律,从而自觉地依照这些规律而思想。逻辑学并不能创造逻辑规律,它不过是发现了这些规律,将其揭示出来,使人们明白了这些规律之后,可以有意地依照着思想来思想。本来多少依照这些规律者,现在或可能完全依照之,从而尽量避免思想中违背逻辑规律的现象出现。这种逻辑学与思想的关系类似于宜生法则与生活的关系。宜生是人们生活的基本法则,生活本质上是一个宜生活动过程,实际上每个人都要不同程度地按照宜生法则而生活,完全不顾宜生法则是不能生活下去的。在人们的实际生活过程中,之所以会经常出现自己的活动与宜生法则相背离的现象,主要是由于人们思想上不明白宜生法则,使得自己的生活处于一种自发状态。

为了避免自发行为给生活带来的危害,更好地保障生活的宜生性,不断提高生活的宜生度,使自己的生命需要得到越来越适宜的满足,人们就应该使自己的生活由自发状态上升到自

觉的状态,自觉地按照宜生法则生活,使宜生成为生活的自觉
行为。而这就需要我们进行专门研究,将生活的宜生法则揭示
出来,在思想上清醒地认识到宜生是生活的根本法则,在思想
上真正树立生活的宜生观,从而能够自觉地按照宜生法则而生
活,让生活能够始终沿着宜生的方向不断前进。

让宜生成为生活的自觉行为,可以有效地防止生活偏离宜
生的方向,更好地避免处于自发状态所可能给生活带来的种种
危害。而且,人是有意识、有理性的生命存在,不断反思、审视
自己的生活,是人们生活应有的基本特征,也是人的生活的基
本需要。

32

建立自己的宜生观

人们的生活活动虽然多种多样、千差万别,但有一个共同法则,就是宜生。生活的本意就是宜生,生活就是人们用来满足或实现自己生命需要的活动。一个人要想好好度过自己的一生,使自己活得越来越好,就应该正确把握生活,在思想上真正建立起自己的宜生观,并让宜生成为自觉的生活行为,使自己的生命需要得到越来越好的满足或实现。

建立自己的宜生观,就是要把宜生作为自己生活的基本观念或信念,自觉以宜生为根本法则而开展各种生活活动。

一个人只有建立了宜生观,才有可能真正让宜生成为自己生活的自觉行为,才能自觉地按照自己的生命需要而生活,让自己的生活始终沿着宜生之道而不断前行,过上越来越适宜的生活。

一个人也只有建立了自己的宜生观,自觉以宜生为根本准则开展各种生活活动,他的生活才能成为一种自明、自主、自由的生活。这种自明、自主、自由的生活才是真正属于他自己的生活。能够按照自己的生活信念和价值观而生活,过上真正属于自己的生活,本应就是人的本性需要,本就属于人们生活的题中应有之义。

当然,如果一个人没有建立起自己的宜生观,他仍然可以生活下去,实际上许多人也就是这样生活的。但在这种生活状态下,由于生活者没有在思想上对宜生法则有清楚的认识,其生活总体上尚处于一种自发的状态,会在很大程度上受到外在因素的影响。这样的生活很难说是真正属于他自己的生活,这对于具有理性的人来说,不能不说是一种缺憾。人的生活本不应该如此。

建立生活的宜生观,主要靠每个人自己对生活的观察、体验、理解和领悟来实现,不能完全试图从书本或他人那里去寻找现成的答案。当然,这不是否认向他人和书本学习的重要性。认真学习和了解他人的相关思想,对于形成和建立自己生活的宜生观的确很重要,可以很好地帮助自己、启发自己,但不能代替自己对生活的体验和思考,即使最后通过学习完全同意他人的某种思想,那也应该是你自己对于生活认真体验和思考后的结果,而不能是不经自己体验和思考的盲从。一个人如果没有自己的体验和思考,没有自己的领悟,不管读了多少书,了解了多少别人的思想,那也还是别人的,而不是自己的,还不是真正属于自己的东西。正像诗人陆游所写的那样——"纸上得来终觉浅,绝知此事要躬行"。

　　只有真正建立了自己个人生活的宜生观,才能使宜生真正成为生活的自觉行为,才能使生活真正成为属于自己的生活。

33

自觉为自己构建一个以宜生
为核心价值的理想生活世界

　　有人曾说过,人类可能是唯一能够深刻有感于事物当前样式与当有样式之间差异的动物。每个人都生活在现实世界中,但同时又往往不满足于现实世界的生活,总是力图超越现实生活世界,为自己寻找和构建一个更加美好的理想生活世界。可以说,对理想生活世界的追寻,是人们内心固有的一种渴望。

　　这样一个理想生活世界的建立,可以使人们明确自己生活的价值追求,赋予生活以理想和方向,使生活有奔头、有希望,从而引导、激励和支撑着人们在生活中不断前行。

　　由于每个人的状况和所处环境条件的不同,所构建的理想生活世界可能会各有不同,但不管有多么不同,凡是具有合理性的理想生活世界都应该具有一个共同特征,这就是要从人的本性出发,把满足人的生活需要即宜生,作为核心价值。就是说,人们所要建立的理想生活世界,就其合理性来说,都应该把宜生作为其核心价值追求。理想生活世界理应是一个以宜生为核心价值的生活世界，人们对美好生活的追求就体现为为这个理想生活世界而努力奋斗的过程。

这样一个理想生活世界的建立，可以使人们明确自己的生活目的，其生活也就有了前进的方向。人们理解并相信这样一个生活目的，并自觉、自愿地以坚定的信念和全部的力量去追求它，去努力实现它。正是这样的目的，引导着、激励着人们从事各种相应的活动，支撑着人们在生活中不断前行。

而一个人要想在建立自己的理想生活世界方面有所作为的话，必须将理想生活世界的构建与现实生活世界有机地结合起来，把对理想生活世界的追求和对于现实生活的体验密切联系起来，将现实生活世界作为理想生活世界构建的环节或组成部分，将理想生活世界作为现实生活世界的奋斗方向，只有这样，才能使自己满怀希望地走在奔向理想生活世界的路上，同时也能尽情享受途中的风景和收获，才能卓有成效地去应对现实生活中的种种挑战，使自己的整个人生过得从容、快乐而富有意义。人们所寻找和追求的这样一个理想生活世界也就构成了人们生活的精神家园，成为人们的精神寄托之所，或者说是安顿心灵的地方。

而这个寄托精神、安顿心灵的理想的生活世界或者说精神家园，究其根本就是一个人对于生活的价值信念或信仰系统。一个人一旦找到或建立了自己对于生活价值的信念系统，也就是找到或建立了自己的理想生活世界或者说精神家园，其精神就有了依托,心灵便可得到安顿。而如果一个人不能形成自己对于生活的价值信念系统,不知道自己的生活价值追求之所在,就会失去生活的方向,感到生活没有奔头,在生活的种种选择面前就会感到无所适从,从而在精神上感到空虚、彷徨,心灵无以安顿。

功利主义者提出了以幸福快乐为核心价值的理想生活世界,托尔斯泰构建的理想生活世界则是以爱为核心价值,儒家的理想生活世界的核心价值是"内圣外王",道家则主张要"道法自然"。

从个体角度来看,对以宜生为核心价值的理想生活世界的追求,就是要从自己的需要出发,适自己所愿,尽自己所能,找到并建立适宜的理想生活世界。这样一个理想生活世界,把满足生活需要作为根本价值追求,不仅包括人们对自己的各种生活需要的满足,同时也包括对他人生活需要的满足,宜自己之生,亦宜他人之生。我把个体所建立的这样一个以宜生为核心价值的理想生活世界,称为"宜生苑"。每个人都要通过对自己的"宜生苑"的建立和耕耘,努力创造出更多更好的宜生"产品"。

从人类社会的角度来看,可以把这样一个以宜生为核心价值追求的理想生活世界称为人类宜生共同体。在这个人类宜生共同体中,每个人都能各宜其生,都能找到并建立自己的"宜生苑",自由地选择和追寻自己的理想生活世界,同时每个人对自己理想生活世界的追寻又成为他人对理想生活世界追寻的条件。每个人的"宜生苑"的建立成为他人建立宜生苑的条件，人们各宜其生又互为宜生的条件，宜自己之生，也宜他人之生。这个过程不断成就着每个人对美好生活的追寻并推动着人类文明的不断进步。

34

慎重选择自己的生活内容和主导性生活

人们的生活是由保障生存类的活动、实现成长类的活动、感受快乐类的活动和创造意义类的活动所组成的。这四类活动的具体内容和活动方式不同，在生活中的地位和作用不同，这就使得人们的生活呈现为不同的面貌。而我们所要做的和所能做的，就是在生活的整体框架内找到适宜的具体生活内容和生活方式，明确自己的主导性生活，并努力将其做到最好。

第一，一个人把哪些活动作为自己的主导性生活，决定了其生活的基本内容和基本方式，纳入生活的活动越多，生活的内容和方式就会越丰富。例如，两个人钓鱼，其中一个人把钓鱼作为一种休闲娱乐、享受生活的目的性活动，而另一个人钓鱼的主要目的是将鱼卖钱以养家糊口，他钓鱼只是一种用来赚钱的手段。二人的目的大不相同。美国学者马丁·塞里利曼曾将一个人的工作分为三个不同的层次：工作（job）、职业（career）和事业（calling）。工作只是达到生活目的的手段，例如一个人只是为了获得薪水以养家糊口做这份工作，并不期待从中得到其他的东西，没有薪水他肯定就不干了。职业表示一个人对其所从事的工作有更深的投入，他不仅通过金钱来显示其成就，也通过职位的升迁来彰显其成功。每一次升迁都带给他更多的特权，当然薪水也增加了。从律师事务所的小律师升级成合伙人，从讲师升为副教授，从经理升到副总裁，当升迁停止时，他就会去别的地方寻找意义。事业导向的人认为他们的工作有价值，把工作作为自己成长、享受和价值实现的直接目的性活动，跟薪水或升迁无关。当没有薪水，不再升迁时，工作仍然进行。任何工作都可以成为事业，而任何事业也可以变成工作。一个医生可以把行医看成工作，只对赚钱有兴趣；而一位清洁工也可以把他的工作看成使世界更干净、更卫生的事业，从中获得直接的生活价值感。在这里，作为手段的工作层面和职业层面就不属于生活的范畴，尽管在职业层面已具有了种种属于生活的因素。而达到事业的层面，其本身对人的生存、成长、享受和价值实现已具有直接性意义，因而也就属于生活的范畴了。同样是做工作，是否把工作作为一种事业，是否将工作作为直接的目的性活动，其生活的内容和方式大不相同。如果一个人能够将越来越多的活动作为自己直接的目的性活动，那么他的生活内容和生活方式也将会越来越丰富。

　　第二，一个人把什么样的生活作为自己主导的或优势的生活，决定了他的生活品质。

　　人的各种生活活动在不同的时候对人的行为的支配力是不同的,在所有的生活活动中,对人的行为具有最大支配力的就是主导的或优势的生活。每个人生活活动的内容都是多方面的,把什么样的生活内容作为自己主导的或优势的生活,人们之间会有很大的不同,而主导性生活活动的不同,就使得人们的生活呈现为不同的品质。

　　假如一个人在生活中的所有需要都没有得到满足,那么生存需要最有可能成为他的主导性生活活动。此时,人们的各种活动能力都被投入解决生存问题的活动中,所有活动几乎完全被解决生存问题这一目的性活动所决定。对他来说,生活的意义就是能够生存下去,其他任何东西都不重要,其生活仅仅属于一种生存型的生活。

　　当人们的生存需要得到基本的满足,人们不用再为生存担忧时,人们的主导性生活就会由生存型生活向更高层次的生活发生转变。这时候,不同的人往往会选择不同的生活活动作为自己的主导性生活,而由于人们所选择的主导性生活的不同,也就使得其生活呈现为不同的品质。例如,一个人如果把及时行乐作为自己的主导性生活,他就会在生活中"今朝有酒今朝醉"。如果一个人把养育孩子作为自己的主导性生活,他就会把培养孩子、使孩子生活得更好作为自己生活努力的方向。如果把追求自由作为自己的主导性生活,那么他就会"其他皆可抛"。中国文化往往把个人对社会的功能价值或贡献看作人们应该有的主导性生活。

　　第三,采取何种方式来开展自己的生活活动,使个体生活体现为不同的样式。例如,同样是养生活动,在具体方式上就有所谓"兔派"和"龟派"之分。"兔派"主要采取运动锻炼的方式,而"龟派"则主要采取了少动、静养的方式。著名学者季羡林就明确说过,自己的养生方法就是"三不"主义:不锻炼,不挑食,不嘀咕。

　　人生苦短,应慎重选择自己的生活内容和主导性生活。

35

寻找和创造自己的适宜生活

按照宜生法则,寻找和创造适宜的生活是人类活动的共同特点,是人们一切活动的根本目的。在其引导下,每个人还必须根据自己的条件,找到适宜自己特点的具体生活内容和生活方式,作为自己的适宜生活。

适宜的生活,就是与人的本性需要相适合的生活,使人的需要得到适度的满足。这里所说的本性,包括人的身体的和心智的天赋禀性,主要表现为人们身体和心智与生俱来的某些趋向(需要什么,不需要什么)和某些能力(能做什么,不能做什么)。所以,适宜的生活,也就是与人们身体的和心智的需要趋向和能力相符合、相匹配的生活。

每个人既有与别人相同的共同本性,又有与别人不同的特殊本性。每个人的特性产生了对适宜生活的不同要求。例如,有的人适合于教书生活,而有的人则更适合经商;有的人适宜的生活可能在激烈的赛场上,有的人则可能适宜坐在平静的书

桌旁。所以，每个人都应按照宜生法则的要求，找到并过上与
自己的特性相符合的适宜生活。这种与自己的特性相符合的
适宜生活对于他来说就是最好的生活。

　　一个人要想找到自己的适宜生活，关键是要正确地认识自
己，认清自己身体的和心智的禀赋条件，然后根据自己的特性
寻找和创造自己的适宜生活。一个人一旦认清了自己的特性，
知道自己究竟是一个什么样的人，他也就知道什么是自己所真
正需要的适宜生活了，也就不会在喧闹的人世间迷失生活的
方向。

　　在现实生活中，许多人所追求的生活往往并不是从自己的
特性出发，不是首先考虑这种生活是否与自己的特性相符合，
而是眼睛向外，处处模仿别人的生活。他不知道，别人的生活
可能对别人来说是适宜的，但对自己就不一定也是适宜的。向
别人学习是必要的，但一定要从自己的特性出发，找到自己适
宜的生活。

　　对于每个人来说，要找到并过上符合自身特性需要的适宜
生活；对一个社会来说，也要找到并过上符合社会群体特性需
要的适宜生活。个体人生的过程和社会的发展进步过程就是
一个不断寻找和创造适宜生活的过程。

　　当然，在这个过程中，由于人们对事物认识的差异、利益的
冲突和价值观念的不同等原因，会出现种种偏差、错误和曲折，
可能会与追求的适宜生活产生程度不同的背离，甚至给生活带
严重的伤害（例如各种暴力冲突、对生态环境的破坏、恐怖分

子的活动和战争危险），而这恰恰说明我们需要进一步清醒地认识、把握适宜的生活这个人类活动的根本目的，更加自觉地按照适宜生活的法则寻找和创造自己的适宜生活。

36

率性而行，随遇而安

我们讨论什么是生活和应该怎样生活这两个基本问题，目的就是要认清生活的本质，明白生活的规律或法则，建立自己的生活观，形成对待生活的基本态度和方法，使自己知道应该怎样过好自己的生活。我把自己对这两个基本问题的理解所形成的生活观念称为宜生，而与之相应的生活态度可简要概括为"率性而行，随遇而安"。

一、率性而行

生活从本质上来说是一个宜生的活动过程，即人们用来满足或实现其生命需要的活动过程。宜生是人们一切生活活动的根本法则。每个人都应该自觉按照宜生法则而生活，从自己生命存在的需要出发，努力使自己的生命需要得到越来越适宜的满足或实现。简言之，就是要率性而行。

古人云，天命之谓性，率性之谓道。遵循着本性而生活就是生活之道。著名学者张中行曾说过,人作为人,有种种天赋本性,如没理由地觉得活比死好,乐比苦好,这是命定,或者说是本性。一条简便的路或者说是合理的路,就是要顺生,即顺着本性,率性而活。

前文说过,每个人一旦生而为人,作为一个生命存在于世,也就同时产生了两个本性需要:一个是使自己的生命能够存在下去,即能够活下去;另一个是使自己能够存在得更好一些,即活得好。活下去和活得好就是人的两个相互关联的本性需要,满足或实现这两个本性需要就成为人们生活活动的根本价值追求。

活下去所追求的是保障生命的存在,而活得好所追求的则是对生命存在状况的不断改善。这种改善主要体现在三个方面:一是不断成长,二是开心快乐,三是有意义感。也就是说,所谓活得好,就是要活出生命的高度,活出生命的乐趣,活出生命的意义。所以,率性而行的生活就是要按照自己生命本性需要而开展自己的生活,在努力保障自己的生命存在、使自己能够活下去的基础上,进而使自己活得有高度、有乐趣、有意义。

二、随遇而安

人们要在生活中做到率性而行还依赖于一定的生活条件。生活条件是指人们满足其生命存在需要所要依赖的各种资源环境的总和。生活就是人们运用相应的生活条件而满足自身生活需要的活动。从整体上来看,人们的需要是无限的,人们对自己需要的满足是无止境的,而人们的生活条件即现实能力和资源环境条件则是有限的，有限的生活条件规定了人们满足自身生活需要的可能范围。人们只能在这个可能的范围内来争取需要的满足，人们的率性而行的生活只能在自身生活条件允许的范围内才是真正可行的。

所以，人们在生活中，既要考虑自己的需要，又要考虑到现实条件，必须在追求本性需要的满足与现实的生活条件之间找到一个相对的动态平衡，在这种动态平衡中使自己的需要得到适宜的满足，此之谓随遇而安。

所谓随遇而安，就是要以豁达的心态接受和安于生活条件的实际。就是说，人们率性而行，寻求对于自身需要的满足，必须考虑到自己所遇到的或拥有的种种条件，不能超出现实条件的可能而过度强求。要有勇气诚实地接受生活的实际面貌，接受生活的某种不完美，并且尽量去适应它、享受它，过好当下的生活。正像托尔斯泰所说的那样，不管命运之手是怎样的，对我们有利还是不利，只要生活的任何一个瞬间落到我们头上，我们就应尽可能地使它变得更美好，这既是一种生活艺术，也是理想生命的真正优越之处。古罗马哲学家奥理略也说过，如果你受到任何外界事物的困扰，真正困扰你的其实并非事情本身，而是你对此事的判断。而且，你有能力现在就把这个判断一笔勾销。此话说得似乎有些极端，但不无道理。因为不管你接不接受、喜不喜欢，人生就是这个样子，很多事情都是我们无法掌控的，而我们对待事情的态度却是我们可以掌控的。

当然，随遇而安并不是要完全听天由命、得过且过、放弃追求,而是要以豁达的心态去面对生活,同时要把握机遇、顺势而为,努力为满足自己的需要创造更好的生活条件,使自己的需要不断得到更好的满足。

三、二者相统一

率性而行主要是针对人的本性需要而言的,强调的是要积极追求本性需要的满足或实现;随遇而安主要是针对人们生活的现实条件而言的,强调的是现实的接受和适应。二者的统一就是我们对待生活应该秉持的正确态度。

而对二者的统一,由于强调的侧重点不同,又可用两句话来说:第一句是,既要率性而行又能随遇而安,第二句是,既能随遇而安又要率性而行。第一句强调的重点是,要率性而行但不能不顾现实条件一意孤行,要能够接受和适应生活现实,过好当下的生活。如果只是率性,显然不是一个好的生活态度。第二句强调的重点是,要随遇而安但不能完全安于现状、得过且过,要顺势而为,积极进取,努力改造现状,创造更好的条件,使自己的需要得到越来越好的满足。

至于在实际生活中如何把握好二者的分寸,使自己在二者的平衡统一中过上越来越美好的生活,只有靠个人来体会和把握,靠的是每个人自己的觉悟和功力。